勃艮第之城

——上海老弄堂生活空间的历史图景

CITÉ BOURGOGNE

——A Historical Picture of Living Space in Shanghai Old Alley

朱晓明　祝东海　著

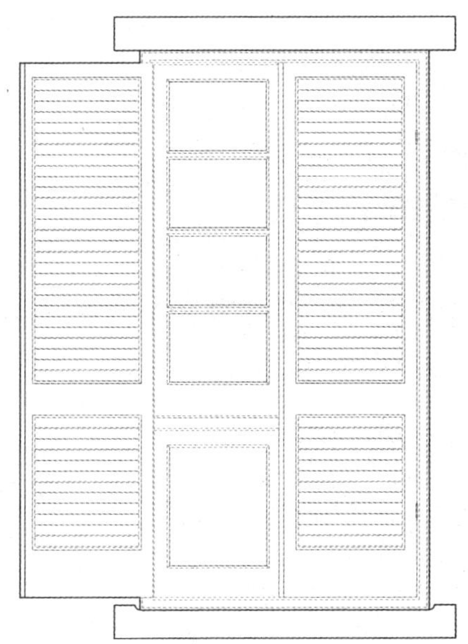

中国建筑工业出版社

图书在版编目(CIP)数据

勃艮第之城——上海老弄堂生活空间的历史图景 / 朱晓明，祝东海著.—北京：中国建筑工业出版社，2012.7
ISBN 978-7-112-14291-0

Ⅰ.①勃… Ⅱ.①朱… ②祝… Ⅲ.①民居-建筑艺术-上海市-图集 Ⅳ.①TU241.5-64

中国版本图书馆 CIP 数据核字（2012）第 090669 号

责任编辑：张幼平
责任校对：肖　剑　刘　钰

勃艮第之城
——上海老弄堂生活空间的历史图景
CITÉ BOURGOGNE
——A Historical Picture of Living Space in Shanghai Old Alley
朱晓明　祝东海　著
*
中国建筑工业出版社出版、发行(北京西郊百万庄)
各地新华书店、建筑书店经销
北京建筑工业印刷厂印刷
*
开本：889×1194 毫米　1/20　印张：10　字数：250 千字
2012 年 10 月第一版　　2012 年 10 月第一次印刷
定价：38. 00 元
ISBN 978-7-112-14291-0
(22374)

写在前面

本书的主角是位于上海原法租界西区，陕西南路与建国西路交界处的石库门里弄——步高里，在它的入口牌楼上还有个法文名“CITÉ BOURGOGNE”，可译为“勃艮第之城”。这座老弄堂1931年建成，有着优越的区位、良好的建筑质量和独特的人文底韵，历来都不缺乏关注。1989年，它被列入上海市文物保护单位、第一批优秀近代建筑名单；2007年又成为卢湾区五大“世博”主题实践区之一，全弄进行了相应的保护性环境整治。

叙述从追溯步高里的建造过程入手，首先通过历史回顾和场景重现，重点探讨了20世纪30年代初，上海房地产业一片乐观的背景下，法租界的扩张对步高里及周边地段城市格局的影响。本书搜集了大量历史图片与多种档案、文献信息，亦援引了多方的研究成果，在历史语境下清晰勾画出步高里所衍生的建筑语言，以及与同时期石库门里弄空间比照的微妙关系，可以说是置身于上海法租界西区建筑业进程中的全景式分析，是这一老弄堂的“前世”，故事背景甚至可以延伸到一些遥远往事。本书的另一部分则另辟蹊径，着眼于步高里居民的个人生活史，扫描最能凸显个人生存状态的某些片段。原住民朱莲娟十个月大就来到步高里，到今天已居住七十余年。“老里弄”杜翠玲和丈夫徐锡堃伴随着共和国的诞生移居到步高里，新的生活之路在这里起步，后来的一切：家庭、邻里、工作、兴趣、性情大都在这里开始并定型。他们个人的生活经历可能无法尽言步高里多年的跌宕起伏，但这里试图进一步在弄堂内外去寻访他们当年和现在的邻居们，通过更多的“凡人小事”的描述和分析，勾勒出个人生活在上海城市遗产保护与居民多方利益诉求下的演变轨迹。精心铺叙之间，穿插了对步高里丰富历史图景的评议、对其未来之路的思考及展望……

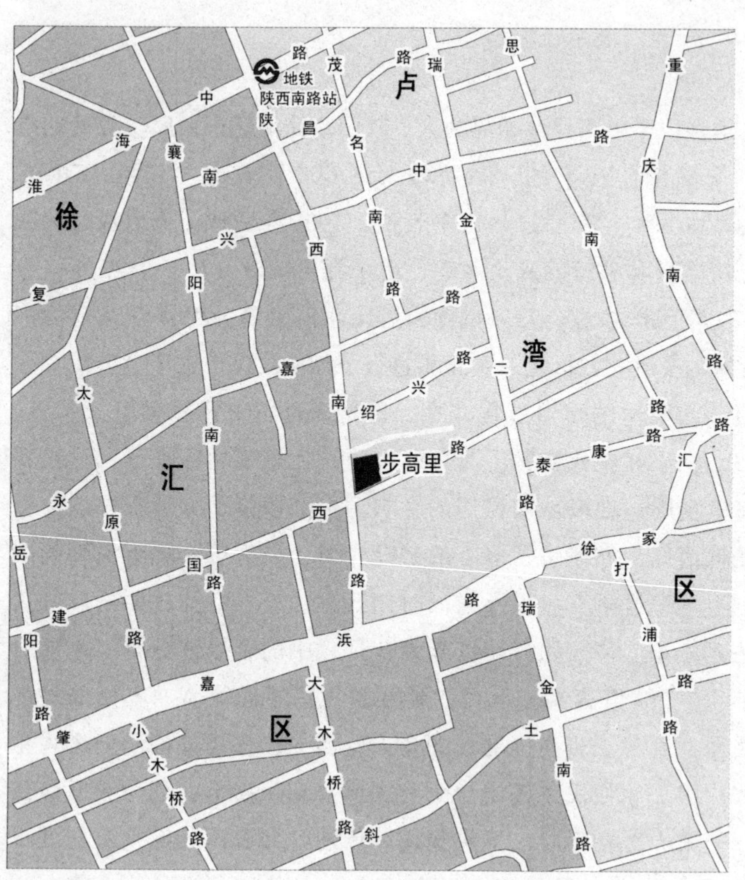

地铁
陕西南路站
步高里
卢
湾
区
徐
汇
区

目录

石库门中的研究谱系

历史如流飞逝，却又从不简单重复，因此留给了我们一种叫做“石库门”的文化遗产。它外观简简单单，入口通常采用乌漆木门扇和石料门框，据说因沪语“石箍门”中“箍”与“库”近音，故名石库门。上海无疑是中国最富“都市气派”的城市，作为一种上海里弄的早期居住类型，石库门伴随着城市的高速发展与跌宕起伏，经历过一段坎坷的岁月，在那印记斑驳的砖墙上记录着岁月的故事和生命密码。今天，推开黑漆大门，面对我们的，大多是无尽的深思和一个个苦涩的微笑。

较为系统地进行里弄建筑实录的研究最早出现在 1933 年（民国 22 年）《中国建筑》第 9 期上——《东北大学建筑系李兴唐绘里弄建筑设计》、《里弄建筑》、《里弄建筑图案十五帧》三篇论文构成了里弄建筑价值研究的先声。同年，陈炎林编著的《上海地产大全》从上海土地利用制度、建筑控制策略入手，进行了基于租界建筑管理的深入剖析。也是这一年，《申报·建筑专刊》（以下简称《专刊》）集中发表了多篇讨论里弄居住环境与质量的文章。《专刊》于 1932 年 12 月 5 日发刊，终刊于 1935 年 12 月 24 日，所刊载的文章虽十分简短、概要，却反映了当时建筑界突出的问题与市民迫切的需要。1933 年 7 月 4 日的《专刊》刊登署名海声的文章《建筑师应改善亭子间阁楼等建筑，不容二房东越俎代谋》，此文是声讨二房东肆无忌惮牟取暴利的檄文，也是较早提出里弄居住质量急需改善的文章。7 月 25 日，大荒在《专刊》发文《为平民打算！为资本家打算！提议建造平民公寓》，通过引介欧洲公寓房屋，倡导资本家投资、平民受益的新居住类型，以疏解里弄居住的超高密度。8 月 1 日《专刊》又刊登古健所撰《里弄房屋的改良》，更为具体地从卫生、防火、垃圾处理、亭子间改建等方面提出实施目标。石库门里弄大多采用砖木结构，由于当时经济与技术水平的限制，品质得不到保证，需要经常维修。到了 1934 年，国内经济危机逐步达到顶峰，至 1937 年抗战爆发，对危机四伏的中国而言，上海租界是一个安全系数较大的孤岛，因此里弄变得更加拥挤不堪，使用状况迅速恶化。这种情况进一步刺激了新的住宅形式涌现。随着施工技术和钢筋混凝土材料的发展，加之上海地皮昂贵，大批房地产商纷纷将投资的目标转向高层公寓。由此看来，1934年左右是旧式里弄快速衰落、退出历史舞台的一个时间分水岭。到新中国成立前夕，物价飞涨的速度远远高于房租提价的速度，房东们都不愿意修房，成千上万的失业者吃饭都成了问题，根本无法缴纳昂贵的房租，大批里弄严重失修，人们无暇更无力感受这座城市的生活平静与幸福。

新中国成立后较早的近代里弄研究工作是由梁思成、汪季琦倡导，在20世纪60年代初展开的。王绍周、殷传福、黄祥鲲等人对上海和天津两地的里弄进行了基础性考察，分别于1962年和1964年写出了《上海里弄式住宅调研报告》、《天津里弄住宅调查研究报告》。“文革”后，天津大学78级研究生杨秉德的硕士论文《里弄住宅初探》对上海、天津、武汉三地的里弄住宅作了详尽的分析比较，成为新时期里弄住宅研究的发轫之作。1987年，上海科学技术文献出版社发行了王绍周、陈志敏编著的《里弄建筑》；1993年，中国建筑工业出版社出版了上海市房产管理局副总工程师沈华主编的《上海里弄民居》；1997年，上海人民美术出版社推出了罗小未、伍江编写的《上海弄堂》。这些书对上海的里弄建筑进行了完整系统的搜集和梳理。此外，王绍周的《上海近代城市建筑》、郑时龄的《上海近代建筑风格》等书中，也有相当篇幅对上海里弄进行了介绍与分析。2004年，上海科学技术出版社出版了范文兵的博士学位论文《上海里弄的保护与更新》。上述著作都是里弄研究者宝贵的基础文献。

步高里全景

在探讨上海的都市文化、日常生活或者公共制度等问题的基础上，学术界对里弄的研究蓬勃开展，成绩斐然，成为近十几年出现的上海研究热潮中的一支有生力量。同济大学王霄汉的硕士论文《市场经济下的里弄住宅改造问题研

弄堂近影

究》（余敏飞指导，1993年），从城市经济学角度，研究了里弄改造中的经济运作和土地利用方式；同济大学刘家仁的硕士论文《现状与取向——上海居住生活研究》（余敏飞指导，1997年）从历史文化保护的角度，对里弄中蕴含的独特文化进行了探讨；同济大学金可武的硕士论文《里弄五题——对里弄居住形态的历史分析》（常青指导，2002年），对里弄的分布、形态、演变、保护等方面进行了研究，对某些不明问题给予了澄清和释疑；上海交通大学陈喆琪的硕士论文《上海里弄中的场所研究》（林峰指导，2007年），从场所的概念出发，研究了里弄空间的构成、特点及延续的可能性。

比较而言，针对单一个案的深度剖析有助于将时代背景与个体的记忆碎片交织在一起，属于里弄研究的“节骨眼”，遗憾的是成果较少，“小社会”显然需要更多的研究范例。这里要提到四本著作：张伟群的《上海弄堂元气——根据壹仟零壹件档册与文书复现的四明别墅历史》（上海人民出版社，2007年）；魏闽的《复兴“义品村”——上海历史街区整体性保护研究》（东南大学出版社，2008年）；上海章明建筑事务所的《老弄堂建业里》（上海远东出版社，2009年）；朱健刚的《国与家之间——上海邻里的市民团体与社区运动的民族志》（社会科学文献出版社，2010年）。张伟群聚焦于一条弄堂，通过对大量相关珍贵史料的深入挖掘与整理，为上海历史建筑的研究开辟了一条新路，树立了一个成功的典范。魏闽立足于对一个实施中的保护整治项目的长期跟踪，综合探讨了历史中心区“整体性保护”问题。《老弄堂建业里》汇聚了拆迁改造前的历史图档、测绘图纸，是为数不多的对单个石库门弄堂的实录研究。朱健刚在2000年至2001年，扎根一个叫平民村的上海里弄展开田野调查，其著作以翔实的一手资料分析了里弄邻里公共空间的建构，及邻里空间发生互动、交往和认同的主要动力，展现了新颖的日常生活观察角度，是上海里弄社区研究方面在人类学与民族志领域的突出成果。

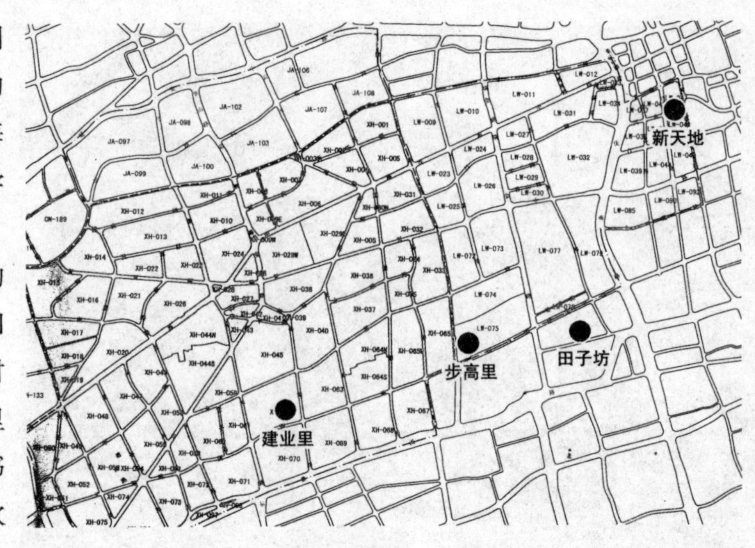

四个代表性改造类型的位置图

有趣的是，上述著述的研究对象均与本书不同。四明别墅是新式里弄；义品村为独立式花园住宅；建业里虽为石库门里弄，但其成书实为“拆落地”前的一次“立此存照”，故与前两者相比，重点仍是物质层面的空间记录；平民村部分地段接近棚户区，现已拆除，且该书在专业范畴上与建筑学视角差异较大。本书将立足于石库门里弄历史建筑，对历史环境、建筑类型、生活空间的演变进行进一步的微观分析，接触更有代表性的底层民众，展现普通人群的生活细节，是对中国城市遗产保护进程中最为重要的居民生活改善问题进行的一次局部探索，希望从个案中找到具有普遍性的借鉴。

聚焦于步高里尚基于以下原因：在上海一百多年的城市建设所形成的特色风貌中，石库门里弄建筑是兼容并蓄的代表，由于近十几年房地产开发迅猛发展，大片里弄被夷为平地，留下的则大多因建筑和设施陈旧而成为繁华都市中心的边缘地带，怎样保护这份珍贵的遗产逐渐开始得到各方的关注。从建筑与环境的质量来看，步高里盘踞在法租界，具有鲜明的中西合璧建筑之特性，几为孤例的牌坊入口高低错落，弄内屋脊连绵起伏，马路两边是有着粗壮树干和巨伞般树冠的法国梧桐，保持了浓厚的“上只角”腔调，建筑群体的科学与艺术价值突出。步高里又称勃艮第之城，她成为了展现原汁原味的石库门文化的景观典范，就像一枚多面切割的钻石，终于捕捉到了太阳的光线。

2009 年 5 月，借“世博会”的巨大影响，首场世博上海区县公共论坛在卢湾区①举行，主题是“上海石库门遗产保护与文化传承”。论坛提到了目前上海采用的三种石库门改造

①2011 年 6 月，上海市原黄浦区、卢湾区两区建制撤销，设立新的黄浦区。本书为叙述方便，涉及相关历史地名处，仍沿用卢湾区的称谓。

CITÉ BOURGOGNE

步高里错落有致的屋顶

模式——商业开发模式、商居结合模式和居住改善模式，前两者的代表为新天地和田子坊，后者的领衔主角就是步高里。随后，同济大学的常青教授又在这三种后面添加了一个“建业里模式”，并将“居住改善模式”改称为更宽泛的“文保模式”。①

2007 年，因为抢抓世博机遇，步高里进行了自上而下的大规模综合整治工程，使居民在城市的大事件中得到了实实在在的好处。步高里之所以成为上海罕有的质量高、风貌完整的石库门里弄，是因为在时代的剧烈动荡中有所归属，一定时期内固守了自身的尊严和信仰。它不是孤立的个案，可以说，如果错过了步高里，不仅错过了一个优秀的石库门里弄，更错过了全面认识上海建筑文化与日常生活的一个机会。

2008 年盛夏，我们因为偶然的机缘第一次走进步高里。这座弄堂刚刚大修一新，红褐色的砖墙在太阳光下晃得耀眼，券门下挂着盆栽吊兰，弄内安静、整洁，犹如铺着地毯的客厅。走过一道道石库门，就感觉坐在小板凳上摇着蒲扇聊天的老阿姨们不断用眼角余光打量着我们，这里显然已经建立了一种领域感，成了一个“可防卫空间”。这种生活状态与通常五方杂厝的弄堂不同，事实上也是步高里整修后特定时间的“非常态”，但令人记忆深刻。其后，我们又无数次来到这片弄堂，看着出入其中的那些似乎熟悉而又陌生的鲜活面庞，禁不住好奇：八十年来，怎样的风风雨雨才成就了今天我们眼中的步高里？步高里是如何在周围一阵阵推土机的轰鸣声中，在这个不同力量小心翼翼地寻找各自利益制衡点的“场域”中，争取和保护自己的权益、顽强地生存下来的呢？居住改善模式是怎样的一种模式呢？它能否代表上海里弄建筑未来的发展方向？这些疑问使我们对步高里产生了浓厚的兴趣。

①常青．旧改中的上海建筑及其都市历史语境．建筑学报，2009（10）：23~28

1

勃艮第往事

向外望

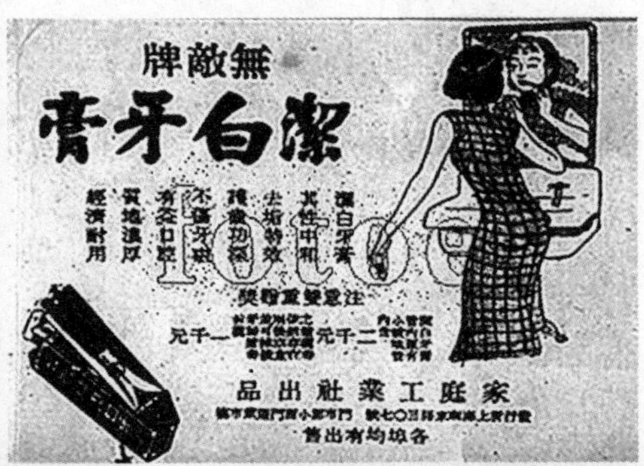

家庭工业社的各类产品广告

为什么是巴黎?

今天，假如与人聊起“上海往事”，恐怕没人会跨过租界时期去谈论那北宋时有“小杭州”之誉的青龙镇[①]，也不太会有人去称颂那明清时“衣被天下”[②]的“江南之通津，东南之都会”[③]。即便真的提及那个封建小农经济背景下的传统商业市镇，也会称之为“老城厢”，仿佛那不是真正的上海。大多数人都乐于让追忆的思绪徘徊停留在20世纪二三十年代的黄浦江畔和霞飞路上，并能够说出一连串旧上海的别称，如不夜城、十里洋场、冒险家的乐园以及东方巴黎等。这个充满“集体记忆”的怀旧现象，一直是讨论上海城市问题时的热门话题之一。

纵观海内外，历史上被贴上“东方巴黎”标签的城市并不止上海一个。比较有名的还有罗马尼亚首都布加勒斯特、黎巴嫩首都贝鲁特（又称“中东巴黎”）、匈牙利首都布达佩斯（又称“东欧巴黎”）。此外，还有“南美巴黎”布宜诺斯艾利斯和“小巴黎”蒙特利尔。贝鲁特和蒙特利尔与上海一样，都曾是法国的租界或殖民地。

究竟是什么人、在何时何地、通过什么方式第一次把“东方巴黎”这个雅号送给了上海？我们不得而知。很多时候，类似的城市别称往往只是演说家的即兴妙语、文学家的神来之笔，不一定经得起严格的推敲，也不足以作为学术研究中的确凿佐证。但是既然上述这些城市都得以与巴黎攀亲道故，一定有着某些相似的特质。而更令人感兴趣的是，在上海建立租界的并不只有法国，还有英国与美国，何以上海能获得并流传至今的“诨名”是东方巴黎，而不是东方伦敦、东方纽约或者东方芝加哥呢？

同济大学的孙施文教授也在博客中提出过相似的问题，并作了一段阐述与推测。他认

①青龙镇为唐华亭县治下市镇之一，地理位置优越，日益繁盛，北宋时被称为“小杭州”。

②明清时，松江府辖境成为全国最大的棉纺织业中心，布匹行销全国，远销海外。

③17世纪末，清廷在上海设海关。乾隆以后，清廷放松沿海贸易，上海口岸迅速发展成为全国最主要的贸易港口之一。语出嘉庆《上海县志》。

梧桐树下的原法租界

为伦敦与巴黎相比在文化影响力上处于劣势，人们更乐于将后者作为赞美某个城市的类比对象。同时，由于种种因素，国人也相对更容易认同和接受法国文化而不是英国文化；当时上海的国际地位及文化氛围，也颇有几分巴黎的神韵。从两界的城市风貌来看，英租界并没有多少类似伦敦的地方，法租界则极具巴黎的情调。[①]

公共租界与法租界之间发展不平衡，这从两个区域景观品质的明显差异可以看出来。公共租界沿江的外滩建筑尽管更加气势宏伟，而租界深处尤其是居住区却显得杂乱无章；法租界则以其界内优美的城市形象体现出了“法国人的艺术情趣”和“将法租界建成一座典型的法国城市”的意愿。[②] 有法国学者指出，其原因乃在于“工部局的事务由公共租界当局自行处理，公董局的行政则直接受制于远在巴黎的法国当局；英美推行的是自由资本主义，而法国崇尚的是1789年大革命以来共和政治的文化价值观，在实行中央集权的同时坚持整体利益原则”。[③]虽然赚钱几乎是所有外国人来到这个乐园的共同追求，但是工部局和公董局的董事们在谋取自身利益的同时，在城市建设上却有着不同的目标追求和管理手段。

在那个时代，如果说外滩的万国建筑博览会像一道长卷式布景撑起了大上海的门面，而市内鳞次栉比的里弄建筑是十里洋场霓虹灯后最厚重的衬托，那么法租界的城市面貌，尤其是其西区的宜人环境，则完全有资格作为这座“远东第一大城市”中有品位

①见孙施文的博客《上海租界，说不尽的话题》。

②唐方．都市建筑控制：近代上海公共租界建筑法规研究．南京：东南大学出版社，2009. 4页

③白吉尔著，王菊、赵念国译．上海史：走向现代之路．上海：上海社会科学院出版社，2005. 3页

的城市生活空间之代表。

在邢建榕先生的一篇文章中，称日本作家横光利一曾经认为上海"简直就是'东方伦敦'"，并引用了他的一句话："在我见识过的都市当中，除了上海，我想恐怕再也找不出可以与伦敦相匹敌的大都市了。"① 经查知，此语出自横光利一的随笔集《感想与风景》中《静安寺的碑文》一文。在这句话后面，横光接着说道："抵达巴黎后，依然浮现在我脑子里，让我最感兴味并且难以忘怀的，仍是上海。在这座都市里，既有伦敦的影子，也有银座、巴黎、柏林的影子，恐怕连纽约的影子也可以找到。"② 全文除此处出现两次"伦敦"之外，再无别的相关论述，更未出现"东方伦敦"一词。因此，凭此话就推论横光认为上海是"东方伦敦"，似不足信，不过它却从另一侧面折射出，无论物质还是精神层面，上海都是一座多元化、充满梦幻的城市，否则不会让人如此遐想联翩。

在1934年2月6日的《申报·建筑专刊》中又有文章提及："上海市众称东方的巴黎，新大陆的纽约，这是暗射上海市的趋势，在过去一年里，建筑事业的确有迅速的发展……"③1935年出版的英文版《上海指南》第一章开篇，即以排山倒海之势写道："上海！上海，世界第六大城市！上海，东方的巴黎！上海，东方的纽约！"当中国的近代城市初露曙光之时，上海不再犹豫，迅速抓住机会，如红日跃出地平线，喷薄而出。它的名字之响亮足以与巴黎、伦敦、纽约媲美，展现出大量蕴含的机遇与强劲的发展势头。

乐观的房地产业

众所周知，20世纪二三十年代是近代上海经济最繁荣的阶段。步高里开发建设的1930年，两租界的建筑投资额达到一个顶峰。1931年，也就是步高里开始招租的那年，房地产交易总额高达1.8亿元，创下上海房地产市场有史以来最高纪录。④

近代上海从开埠到抗日战争爆发前，由于人口的增长、经济与城市的发展等因素，地

①http://202. 136. 215. 236/Blog/blue/Articleaspx?id=98&user=xjr7007，访问日期2010-11-21。但在笔者所见到的两个版本的译作中，"大都市"均作"大都会"。

②版本一：横光利一. 感想与风景. 李振声译. 桂林：广西师范大学出版社，2005. 29页
版本二：横光利一. 感想与风景. 李振声译. 海口：南海出版公司，1998. 39页

③杨德惠. 一年来上海的建筑与地产. 申报，1934年2月6日增刊第九版

④《上海房地产志》编纂委员会编. 上海房地产志. 上海：上海社会科学院出版社，1999。见其中第二篇"私营房地产业"之第一章"房地产市场"。

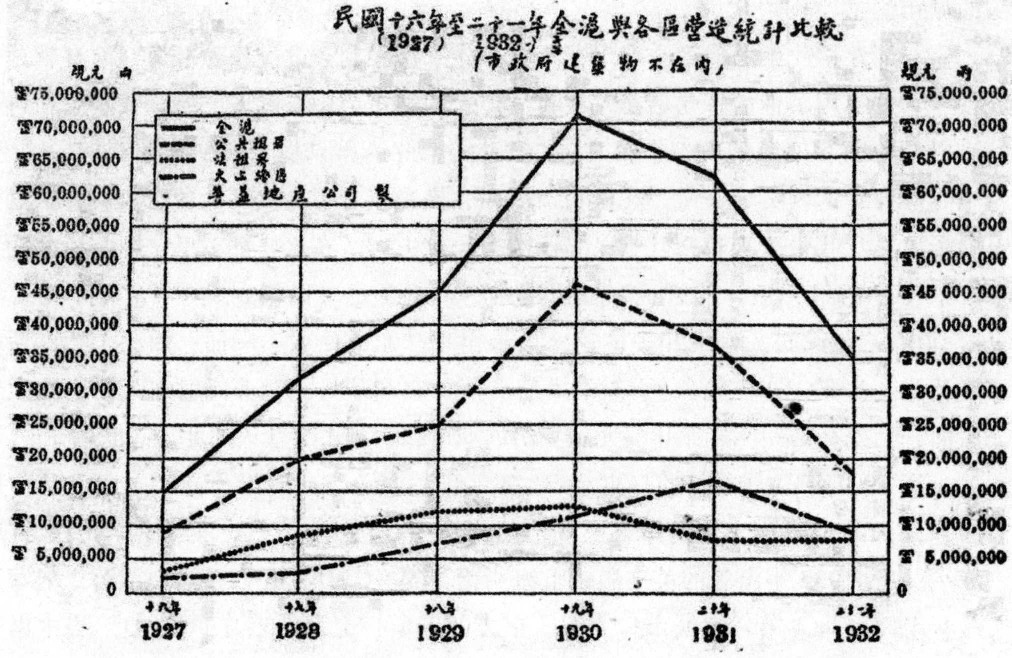

1927~1932 年全沪与各区营造统计比较表

产价格总的趋势是直线上升。若干年内，地产价格宽幅波动，主要归因于“资金在上海的过度集聚及以后的离散”①。

1934 年 10 月 30 日《申报》增刊第五版登载了枕木所撰的《十年来上海租界建筑投资之一斑》，文章在阐述 1925~1934 年租界建筑投资“蓬勃上涨”的原因时分析道：

“查上海建筑事业之所以能发达如是，考其原由，当由于上海中外银行及信托公司、保险公司将所有全国资金，自农村中吸收而来，日增无已，而彼辈之握此巨款者，鉴于公债、标金、纱布交易之不稳定，除投资于地产建筑外，更无他法，故上海之建筑事业如是发达，为农村经济破产、都市畸形发展中之必然趋势，且以地价高贵，故建筑物之日趋于高升层次，更有必然之理矣。”

由于上海租界的相对稳定和金融业的日渐发达，大量海外与国内的游资涌入这片乐土；还有一些如军阀、政客及内地迁入的富商豪绅等携巨资来此者，亦欲投机牟利其中——房地产以及证券是他们主要的投资选择。1926~1934 年间，仅上海各主要外商房地

---

①杜恂诚. 收入、游资与近代上海房地产价格. 财经研究，2006，32（9）：31~39

产公司就通过发行公司债吸收了游资 7669 万元。[①]

同时，受到 1929~1933 年的世界性经济危机影响，欧美国家向远东实行倾销政策，建筑市场各类滞销的建筑材料被大量倾销到上海，这也为游资找到了一条出路，进一步刺激了上海房地产业的繁荣发展。于是乎，投资商们热情高涨，对未来充满美好期冀。

在普益地产公司 1930 年 6 月出版的《上海地产月刊》中，一篇题为《上海之将来》的文章展望美好前景：

"本埠报纸对于上海前途之可能性，愈趋认识之途径。当地某报关于地产问题著社论一篇，其结句有云：'上海之地产不独现在，即于将来仍当继续为远东最佳投资之一种。至若政局变迁，金融紊乱，恐将来仍所不免。但决不至影响地产也。'此论文适于南京外交部正式宣布组织收回租界筹备委员会后数日始行刊登[②]。综之，上海之实力较诸其政治地位，尤觉根深蒂固，关系重要。盖其基础乃在彼对于扬子流域及上海一埠二万万居民之经济上的价值。而上海又为世界交通上唯一之商埠焉。

"毋怪乎美国旅馆业之巨擘司达拉旅馆（Stattler Hotel）之从事于调查上海状况，以资发展也。试观法租界本年四月廿四日之户口调查报告，则更无骇怪之余地矣。按法租界户口一九〇〇年外人只有六百二十二人，今竟达一万二千九百二十二人。而华人则由九万一千六百四十六人加至四十二万一千八百八十五人。依此类推，上海市之发达固属当然矣。

"上文所引之社论有句云：'彼以治外法权不久即须取销，深恐影响上海前途，以致抱悲观态度者，今当幡然悟其观念及预测之误而改弦更张矣。'诚确论也。"[③]

文中内容不免有夸大溢美之辞，甚至不排除有王婆卖瓜之嫌，毕竟该刊物为地产公司发行出版，但仍足见时人在政治、经济、人口等局势方面所抱的乐观态度，故如此畅想未来亦无可厚非。

---

①张仲礼，陈曾年. 沙逊集团在中国. 北京：人民出版社，1985. 119。转引自杜恂诚. 收入、游资与近代上海房地产价格. 财经研究，2006，32（9）：31~39

②1928~1931 年，南京政府展开了解决不平等条约、收回治外法权的一系列外交交涉和谈判，先后收回了一些租界、租借地和租界法院的主权。但与英、美、日等国关于上海领事裁判权的谈判一直没有结果。1931 年 6 月，中英、中美一度协议上海保留领事裁判权 10 年，但"九一八"事变爆发，取消领事裁判权的谈判被搁置。——笔者注

③上海之将来. 上海地产月刊，1930 年 6 月. 普益地产公司. 上海图书馆：J-0039

不断扩大的法租界

自1849年设立之后，法租界于1861年、1900年、1914年三次进行了扩张。步高里的基址就是在第三次扩张中被划入法租界领地的，那时陕西南路和建国西路刚刚筑成不久。

1.三次扩展

陕西南路于1911年修筑，初以已故的上海著名德国外科医生埃里希·宝隆（Erich Paulun）的名字命名，叫做宝隆路（Avenue Paulun）；1915年以比利时国王名改称亚尔培路（Avenue du Roi Albert）；1943年租界被收回，更名咸阳路；1945年改今名。建国西路于1912年修筑，初名打靶场路（Rue du Champ de Tir），又名靶子路（Route Range）；1920年以旅沪法侨名改称福履理路（Route Joseph Frelupt）；1943年租界收回后更名南海路；1946年改今名。

这两条路都是公董局越界辟筑的。越界筑路是租界扩展的另一种方式。法租界自19世纪60年代从上海县城西门至徐家汇筑成军路后，越界筑路的数量日渐增长，直到1925年才基本被遏制。1900~1913年，公董局越界筑路达20条。[①] 因此1913年，当法国公使康德正式向北洋政府外交部提出法租界外马路警权问题时，其实就是要北洋政府承认法租界扩张的既成事实。

1914年4月，外交部江苏交涉员杨晟同法国驻沪领事甘世东（Goston Kahn）签订关于法租界界外马路警权协定十一条，规定以法租界公董局驱逐在法租界活动的革命党人为条件，给予其在“法租界以西之地址：北自长浜路，西自英之徐家汇路，南自斜桥、徐家汇路沿河至徐家汇桥，东自麋鹿路、肇周路各半起至斜桥为止”的大片地域的警政和征税权，从而使这些越界筑路区域成为事实上的新租界。租界面积从2135亩扩大到15150亩，整整增加了6倍。[②] 这是法租界的第三次扩张，也是最后一次扩张。

通过大范围的越界筑路进行“圈地”，然后增加路网密度与等级，并展开填充式开发建设，这就是法租界基本的城市空间发展模式。公董局曾有意向浦东发展，因触及公共租

---

① 《上海租界志》编纂委员会编．上海租界志．上海：上海社会科学院出版社，2001．总述

② 《上海租界志》编纂委员会编．上海租界志．上海：上海社会科学院出版社，2001。第一篇“区域人口”，第一章“区域”，第三节“租界扩张”

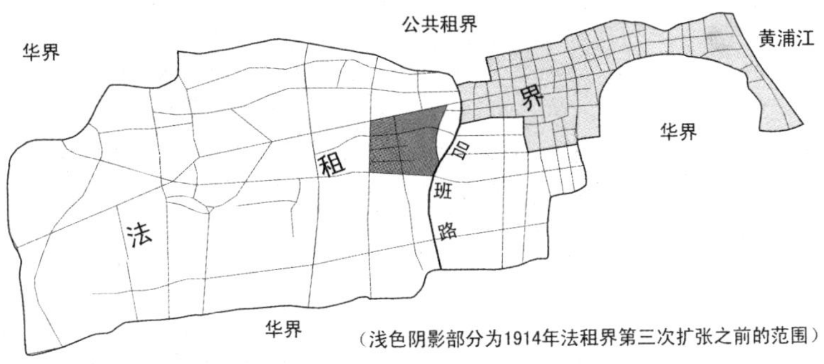

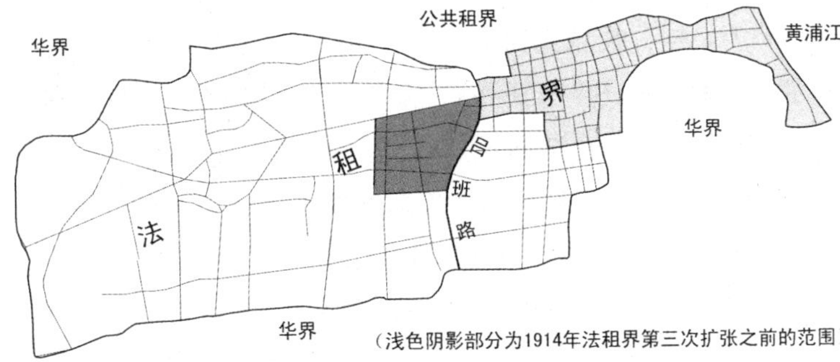

公董局只准造西式建筑的范围
上：1914 年划定只准造西式建筑的范围
下：1920 年划定只准造西式建筑的范围

界利益，受其阻挠未成。而北部又有公共租界，只有西、南两面有空间。由于徐家汇为法国天主教在华的主教区，所以向西发展成为其主导方向。①

到 1918 年左右，法租界建筑区域已扩展到了吕班路（今重庆南路，筑于 1889 年）一段。此后大致以重庆南路为界，其西侧建造的居住建筑之密度与质量，较之东侧有了明显不同，建筑分布疏朗开阔，其中少见“石库门里弄”，而“新式里弄”和“花园里弄”占了绝大多数。这就是公董局调整城市发展策略带来的变化。

第二次扩张之后，公董局便开始加强对西区建设的管理，规范西式建筑范围，严控中式建筑的建造。1900 年，公董局规定除非领事同意，从嵩山路起，及其西面租界扩充区内任何新建建筑，都必须按照欧洲习惯用砖石建造，而且至少要在房屋底层上有整整一层楼，绝不允许建造用木材或土墙建造的简陋房屋。后因一些华人业主反对，1910 年底公董局取消了在嵩山路以西禁造中式房屋的禁令，但要求仍按照欧洲习惯，用砖头和石块建造。②

第三次扩张以后，大片的田地村野划入法租界，导致人口密度大为下降。以 1915 年

---

①牟振宇. 近代上海法租界空间扩展及其驱动力分析. 中国历史地理论丛，2008，23(4)：23~32

②《上海租界志》编纂委员会编. 上海租界志. 上海：上海社会科学院出版社，2001。第五篇“管理”之第四章“房地产和建筑管理”第三节“建筑管理”

与 1910 年相比，从 54 人/亩下降到 10 人/亩。① 总人口数增长不多，其中华人人口由 114470 人增加至 146595，上升 28%；外侨人口由 1476 人增加至 2405 人，上升 63%。② 法租界的城市发展策略开始调整，即以高品质的居住社区为主要目标进行开发。1914 年，公董局决定在顾家宅公园（今复兴公园之雏形）周围由辣斐德路（今复兴中路）、华龙路（今雁荡路）、金神父路（今瑞金二路）和宝昌路（今淮海中路）形成的四方形区域内只准建造西式房屋。1920 年，工务委员会又建议：北以霞飞路（今淮海中路）为界线，南以广慈医院（今瑞金医院）北面围墙为界线，西面从金神父路西边处开始量出 100 米的一个区域，东面从吕班路东面一侧起划出一块四方形地带内，只准建造西式建筑。1921 年，公董局决定，在租界内一些主要道路上申请建造中式房屋的营建许可证，只有其门面采用西式式样才可批发。到 1938 年，公董局更是拟订了一个整顿及美化法租界计划，即将整个租界划分为几个拥有不同建筑类型的区域，包括一个高档住宅区和若干专造洋房的空地，防止所谓不美观、不卫生的里弄房屋侵入。

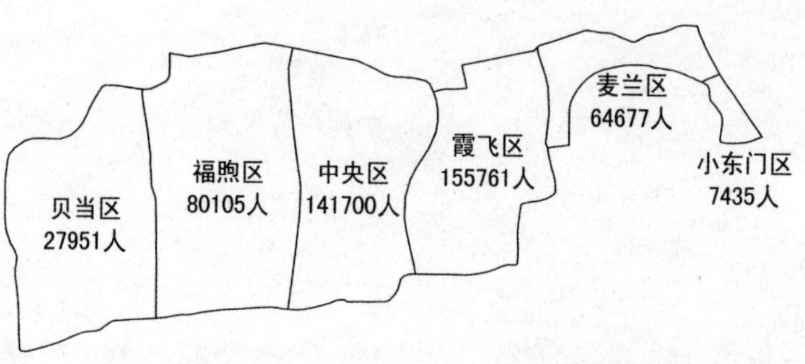

1936 年法租界各区人口分布

正是这一系列城市发展策略的推进，才造成了吕班路东西两侧城市肌理如此显著的区别。据统计，到 1936 年，法租界已达 47 万人口，六个区中以霞飞捕房区和中央捕房区的人口最多，各集中了总人口的三分之一。③ 但由于各区面积相差悬殊，事实上人口密度仍然以法租界最初的地界麦兰区为最高，达 66 人/亩。其后依次为小东门区 54 人/亩，霞飞区 53 人/亩，中央区 42 人/亩，而福煦区和贝当区仅 19 人/亩和 8 人/亩。④ 相应地，就有了霞飞区密集的石库门里弄、中央区大量的新式里弄以及福煦、贝当两区较多的花园住宅

①由于此时大量人口仍然集中于旧区，新区的人口密度当更低于此数。

②据《上海租界志》相关数据计算而得。参见《上海租界志》编纂委员会编.上海租界志.上海：上海社会科学院出版社，2001。第一篇“区域人口”

③《上海租界志》编纂委员会编.上海租界志.上海：上海社会科学院出版社，2001。第一篇“区域人口”之第二章“人口”，第一节“人口构成和人口规模”。

④各区面积为笔者依据法租界分区地图，参照相关数据估算所得，因此各区人口密度的数据并不十分精确，但应能反映一定的实际情况。

这样的城市面貌的呈现。

2.道路建设

让我们推近镜头，放大画面，以步高里基址为中心，从道路建设与房屋建设两个方面去勾勒步高里建成之前她的“左邻右舍”的发展状况。

宝隆路和打靶场路的路址原系田亩阡陌河浜纵横的农村，初筑时皆为煤渣路。周边村落集市远布，这里却相对荒凉空旷。基址东侧与打靶场路南侧为公董局工务处第三苗圃，

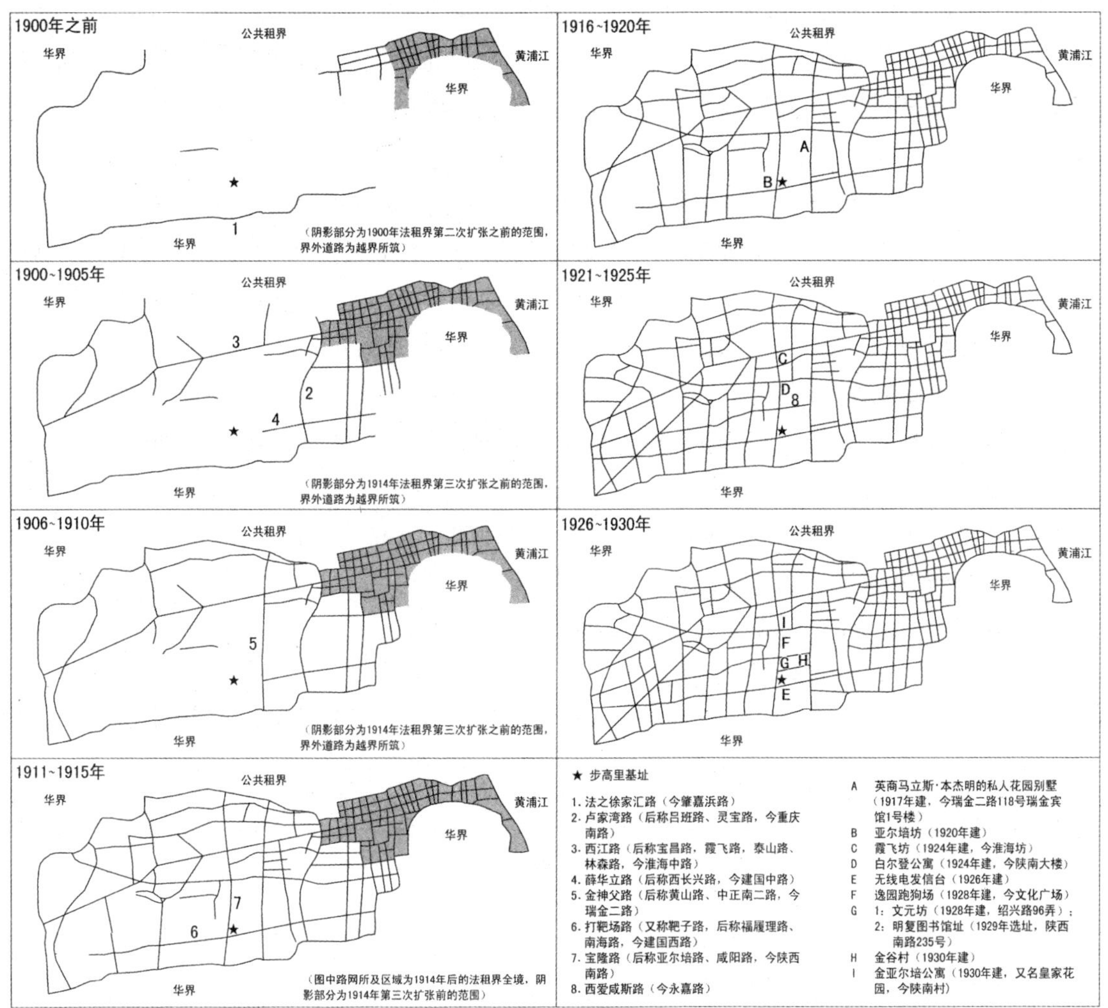

法租界路网格局(1900~1930 年)

乃 1918 年顾家宅苗圃（位于今复兴公园、科学会堂结合部）迁建而成。[①] 再往南为一片清真公茔，在徐家汇路近宝隆路口还有一座为穆斯林提供游坟服务的清真别墅。

不过 1910 年以后本区的建设进度发展很快，路网迅速密集化。从下面展现的 1900~1930 年周边道路建设概貌可以看到，步高里基址所处地段是如何“生长变化”、日渐热闹起来的。

首先来看一下宝隆路和福履理路所发生的一系列主要变化。宝隆路在 1914 年铺筑碎石路；1916 年铺柏油路面；1918 年铺蒸馏柏油路面；1921 年铺沥青柏油路面；1929 年，爱麦虞限路（今绍兴路）至徐家汇路（今肇嘉浜路）的一段路面向东拓展了 10 英尺，达到 60 英尺宽。[②] 福履理路于 1921 年铺筑碎石路；1923 年铺煤焦柏油路，并拓宽路面；1926 年铺沥青柏油路面。

在 1911 年宝隆路修筑之前，周边已建主要道路有：宝昌路（1915 年改名霞飞路，即今淮海中路，1901 年筑）、圣母院路（今瑞金一路，1901 年筑）、薛华立路（今建国中路，1902 年筑）、陶尔斐斯路（今南昌路，1902 年筑）、金神父路（今瑞金二路，1907 年筑）。1912 年打靶场路修筑后的建设情况如下：

1912 年，修筑祁齐路（今岳阳路）。

1913 年，环龙路（今南昌路）由金神父路向西延筑至宝隆路，1923 又西延至拉都路（今襄阳南路）。

1914 年，辟筑法华路（1918 年改名辣斐德路，即今复兴中路）。

1918 年到 1921 年，修筑拉都路（今襄阳南路）。

1920 年至 1923 年，西爱咸斯路（今永嘉路）分段筑成。

1926 年，爱麦虞限路修筑完成。

从上述路网的逐步成形过程，可以感受到这片区域的发展状况。道路建设的进步，与交通工具的发展需要有密切关系。本地初期主要交通工具为独轮车、人力㨃车、骡马车。1901 年，匈牙利人李恩时（Leinz）携入两辆形似马车的小汽车，是为汽车传入中国之始。

---

①上海市卢湾区志编纂委员会编. 卢湾区志. 上海：上海社会科学院出版社，1998。第九篇“环境建设与管理”之第三章“园林绿化”第三节“其他绿地”

②上海法租界公董局公报（1929），1929 年 10 月 4 日. 上海档案馆：U38-1-2826

上海法租界公董局公共工程处关于扩建马路私路命名、征用地产等文件，00034. 上海档案馆：U38-4-1537

至1917年，上海年进口汽车365辆，公共租界和法租界的汽车保有量增至1300辆。1934年，上海汽车保有量已达17039辆。①大量增加的现代交通工具，自然对道路铺筑、路面宽度等提出了更高的要求。

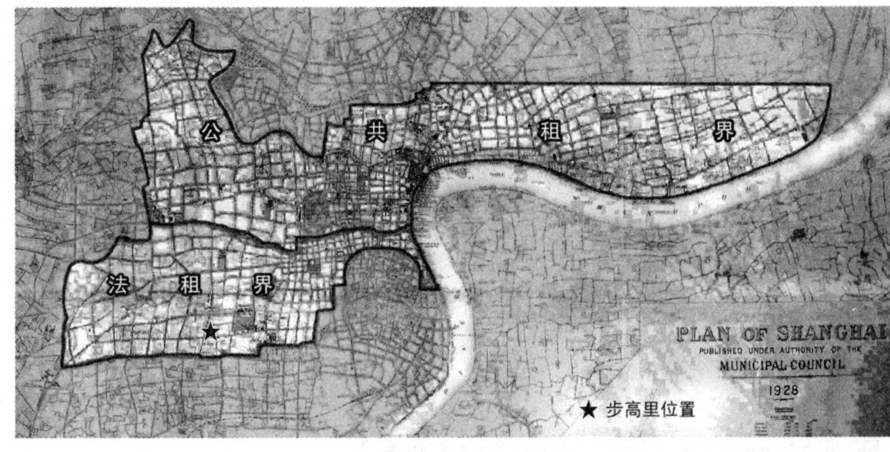

1928年公共租界与法租界的区域及步高里的位置

随着道路系统的完善，公共交通日渐发达，这也成为一些房产项目的卖点之一。如步高里的招租广告中就称“廿一路廿二路公共汽车站极近”。其实步高里到这两条线路的最近步行距离分别约为1000米和550米，似乎谈不上“极近”。也许在那个年代，这已可算为“公交房”了吧。

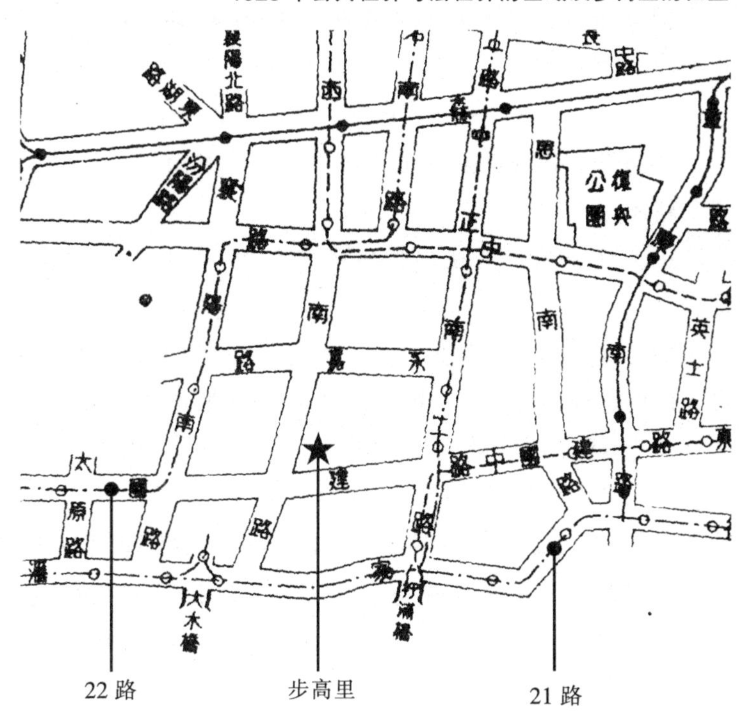

新中国成立前步高里周边公交线路示意

在道路绿化设施建设上，公董局也不遗余力。1932年7月，公董局颁布了《上海法租界公董局管理路旁植树

①近代上海汽车的兴起和发展. 朱佑模. 上海修志向导,1996(2):37~41

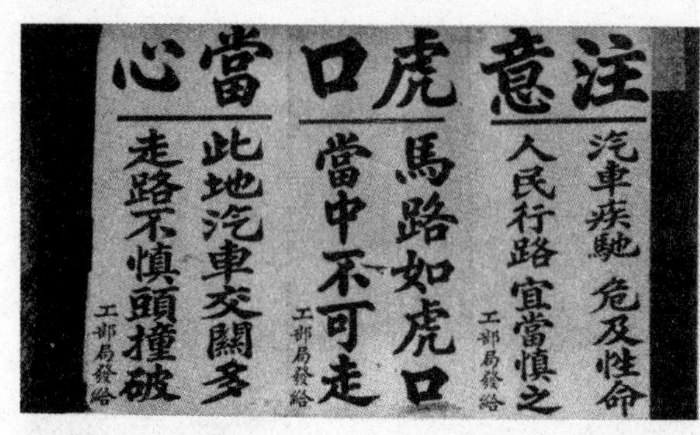

公共租界的交通警示语

及移植树木章程》，其中规定："各树木相互间之距离，得依树之种类及事之可能，均为七公尺至十公尺之间。"[①] 这样的种植密度造就了法租界主要道路绿树成荫的良好风貌，以致时人甚至有"英租界的路多，法租界的树多"之称[②]。

道路系统的不断完善，吸引了大量的地产资本，土地租赁、征购等各种开发活动同时展开。从法租界路网格局图中标注可以看到，步高里基址周边的各类建筑越来越多了。

1917 年，英商马立斯·本杰明（Maurice Benjamin）位于金神父路的私人花园别墅建成(今瑞金宾馆 1 号楼)。

1920 年，亚尔培路近福履理路口西侧的亚尔培坊建成。

1924 年，霞飞路新式里弄霞飞坊（今淮海坊）建成；同年，白尔登公寓（今陕南大楼）建成。

1926 年，公董局在福履理路 135 号（今卢湾体育中心）设立了一座新的无线电发信台。

1928 年，亚尔培路 227 号（马立斯花园以西）的逸园跑狗场建成开场，成为当时上海最高级的娱乐场所之一；同年，爱麦虞限路 96 弄的新式里弄文元坊建成。10 月，俄侨在清真公茔西侧开设美固利汽水酒厂，生产伏特加和汽水。

1929 年，中国科学社决定在上海建中国科学社图书馆新馆"明复图书馆"（今陕西南路 235 号卢湾区图书馆主楼）；1931 年元旦，图书馆正式开放。

1930 年，爱麦虞限路 18 弄的新式里弄金谷邨建成；同年，亚尔培路 151 弄由法国天主教普爱堂建造的金亚尔培公寓竣工（又名皇家花园，今陕南邨）——这片由蝶式点状四层住宅组成的高级建筑群在抗日战争前住的全是外国人。

---

①《上海园林志》编纂委员会编. 上海园林志. 上海：上海社会科学院出版社，2000。附录"一、园林重要文件、法规选录"

②上海市卢湾区志编纂委员会编. 卢湾区志. 上海：上海社会科学院出版社，1998。第九篇"环境建设与管理"之第三章"园林绿化"，第二节"道路绿化"

前面只是择要历数，尚不能展现20世纪二三十年代步高里基址周边开发建设状况的全貌，但已可看到一个蒸蒸日上的城市化片区的剪影，上述不少路段地块在日后都成为了高品质都市生活的代表区域。今天衡山路—复兴路历史文化风貌区成为上海中心城内规模最大、优秀历史建筑数量最多、风貌特色最为鲜明显著的风貌区，可以为当年的繁荣景象作一个注脚。

3.周边区域格局

到1930年，法租界第三次扩张区域的道路系统、基础设施大体建成，人口与建筑都达到一定规模，至此整个法租界的城市空间扩展基本完成，正处于进一步细化建设的阶段。① 城市开发带来了地价的飞速上涨，并形成了许多地价等级。步高里基址已接近租界边缘，在1928年的地价图中尚属每亩5000~10000元的地价较低地段。从上海市1928年地价图中还可以看出，以霞飞路为主轴，地价有一个从东往西递减的趋势。

在南北方向，这一带的城市建设品质也有明显的趋势变化。大致上由北至南以福履理路和徐家汇路为两条分界线，呈现为三种城市肌理。福履理路以北，是以霞飞路和辣斐德路为轴心的高品质商住区。那时霞飞路两侧遍布公寓大楼、新式里弄，并已有大批俄侨设店经商，华商及他国商人也在不断涌入，初有沪上商街“王者之相”。而福履理路以南至徐家汇路这一区域，直到解放

法租界的道路

上:1923年正在翻修的亚尔培路

中:法租界的林荫道

下:20世纪30年代上海法租界的手推式马路清扫车

①牟振宇. 近代上海法租界空间扩展及其驱动力分析. 中国历史地理论丛，2008，23（4）：23~32

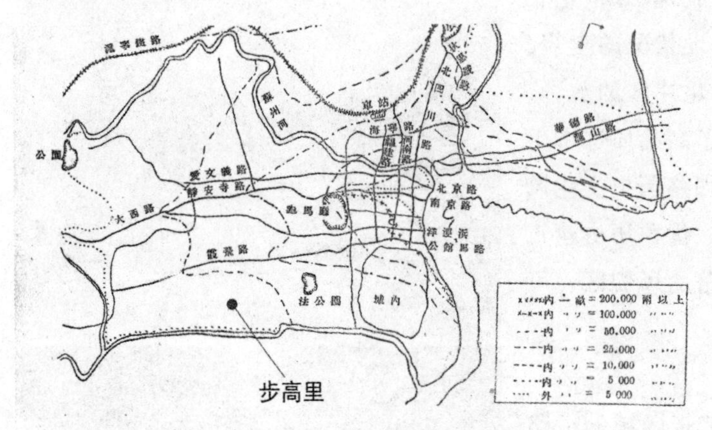

上海市 1928 年地价图

前仍然多旧里棚户而少高质量住宅，建筑群落相对松散而混杂，分布着大量工厂、堆栈及空地。至于徐家汇路以南的华界，则仍以田地、河浜、村舍为主，还有大片工厂、墓地等。

从霞飞路到福履理路，散布着多种风格、档次、类型的住宅，故而也不是均质化的，而是呈现出各种阶层混杂居住的特征，甚至还残存着一些快速的城市化过程中历史村落的剩余碎片——据居民回忆，步高里东北的一小块相邻地域到 20 世纪 40 年代时仍然是一片棚户与坟地。不过总体而言，本区的城市面貌仍具有相当品质。1938 年，公董局颁布的整顿及美化法租界计划所划定的一个高档住宅区，其南界为福履理路，东界为拉都路（今襄阳南路），距亚尔培路仅不到 500 米。这对于周边自然会产生一定的“辐射”影响。因此，步高里区域交通便捷、内部设施齐全、外部环境怡人的格局逐渐形成，无疑可以代表那个时代的生活品质、审美趣味与建筑质量。

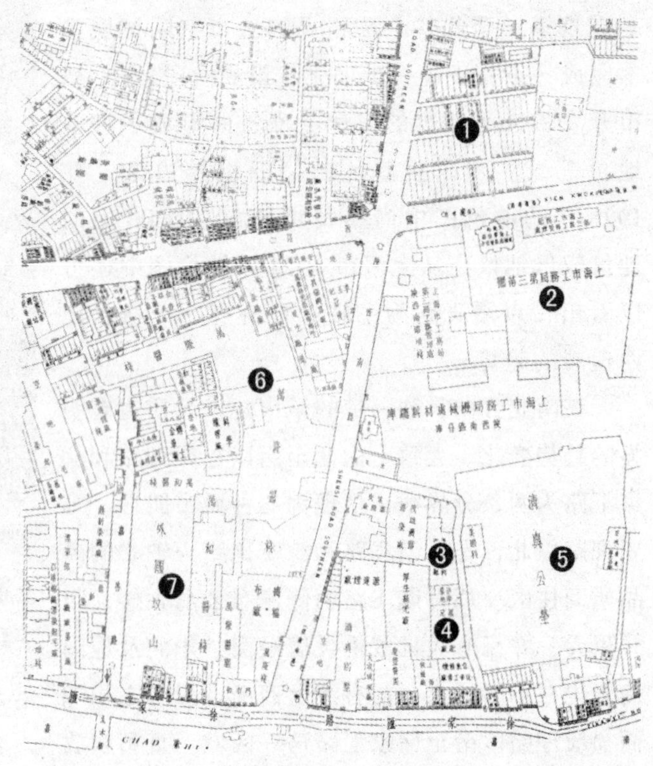

步高里总平面行号路线图（1949 年）

步高里周边主要的历史建筑

上左:瑞金宾馆

上右:逸园旧影

中左上:陕南大楼

中左下:陕南邨

中右:潍海坊

下中:文元坊

下右:金谷邨

下左:亚尔培坊

一座城中之城

1.准生证

步高里弄堂的诞生先要从“准生证”说起。

在 1930 年 6 月 28 日的上海法租界《公董局公报》（Bulletin Municipal）中有这样一段文字：

PERMIS DE CONSTRUIRE - Le Comité est d' avis d' accorder les permis de construire ci-après,les plans fournis étant établis conformément aux réglements municipaux:

1°) …

2°) —No.706, avenue du Roi Albert et route Frelupt, lots cad. 7183, 7184, 7188 & 7190, —65 hongs simples et 16 doubles, 8 magasins; ①

参照后来的《公董局华文公报》②措辞，可翻译如下：

发给营造执照案——工务委员会查得下开请领营造执照各案，核阅各该主人所呈图样，与本局建筑章程，尚属相符，应请均予照准，以利建设：

1°）……

2°）—第 706 号申请，亚尔培路与福履理路相交处地册第 7183 号、7184 号、7188 号和 7190 号地主，请求准予起造单开间行号 65 间、双开间行号 16 间，以及货栈 8 间；

这一则同意步高里营造申请的“发给营造执照案”就相当于步高里的准生证，里面提到的 8 间货栈就是指小广场东西两侧的两排石库门。而那四个地块就是步高里的基址所在，可惜未能查考到当时的地价。仅在《上海市房地产商业同业公会旧法公董局道契册》(1941 年）上可看到这四块地的法册编号、精确面积与 1941 年时的估价：F.C.1261，2.500 亩，2.2 万元/亩；F.C.1331，2.307 亩，2.7 万元/亩；F.C.1313，2.289 亩，2.8 万元/亩；F.C.1317，3.286 亩，2.9 万元/亩。③

---

①上海法租界公董局公报（1930），1930 年 6 月 28 日. 上海档案馆：U38-1-2827

②同治九年（1870 年），法租界公董局创刊《公董局公报》和《公董局年报》，1931 年开始，出版《公董局华文公报》和《公董局华文年报》。

③上海市房地产商业同业公会旧法公董局道契册，1941 年. 上海档案馆：S188-1-34。

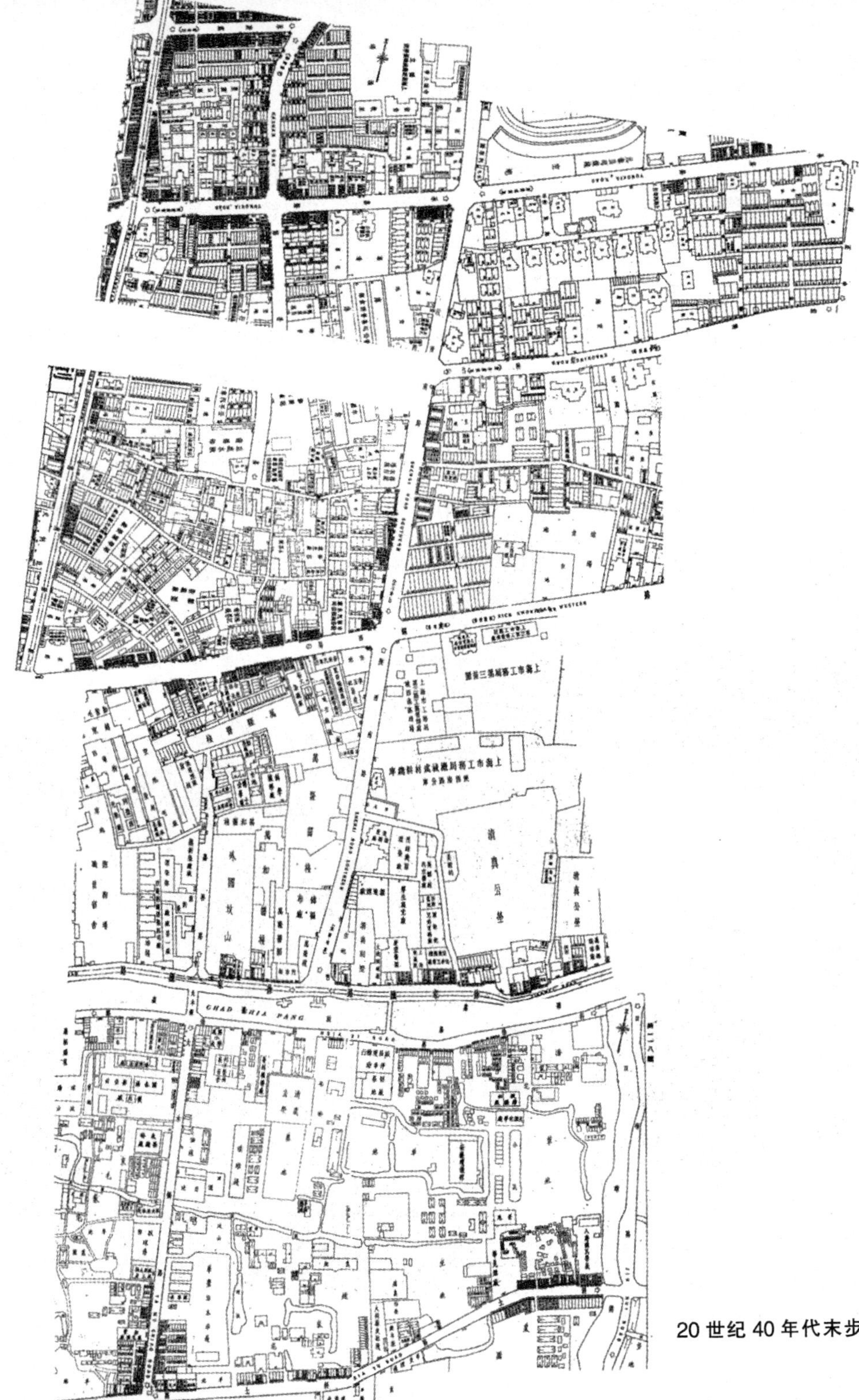

20 世纪 40 年代末步高里区域全景

在这份“准生证”上，还没有写明项目的名称。步高里的名字是在其“出生证明”亦即招租广告发布之时，才公之于众的。关于这个名字，内中玄机颇值玩味。

步高里西侧陕西南路主弄口有一座精致的中式牌楼，在牌楼上，除了“1930”和中文名“步高里”三字之外，还标有法文名“CITÉ BOURGOGNE”，这在上海里弄并不多见。上海的各式里弄大多以代表平安、健康、财富等吉庆祥瑞之意的字词来起名，寄托人们的一种美好愿望。Bourgogne 是法国的一个地区，著名的葡萄酒产地之一，中文翻译为“勃艮第”，与“步高里”发音相谐。“步高”有步步高升、平步青云之意，当时说到股票上涨也会用到“步高”一词。法国开发商以自己国家的地名来命名异域租界的房产项目，透出的是殖民气息、异国情调还是一丝乡愁？我们不敢妄言，但无论如何，此名都堪称音义俱佳的一例妙译。更有意思的是，被学者认为是中国租界里弄住宅源头的联排式住宅（Town

大牌坊 20 世纪 80 年代与 2011 年对比

House)，其现存最早的实例就位于勃艮第的查鲁尼（Cluny）。①

2. “丰”的变形

步高里共有 79 个门号，北部 3 幢 11 户（1~11 号）为东西向单开间；南部 8 幢共 68 户则为南北向布置，排列整齐。作为晚期石库门里弄的典型，步高里的主弄支弄分工有序。3.5 米宽的主弄和 3 米宽的支弄构成了清晰的路网结构。从城市街道到住宅内部，形成“街面—主弄—支弄—天井—室内”的空间序列。主支弄相交处有跨越支弄的单片砖发券门，更强化了两者公共与半公共的空间分界。

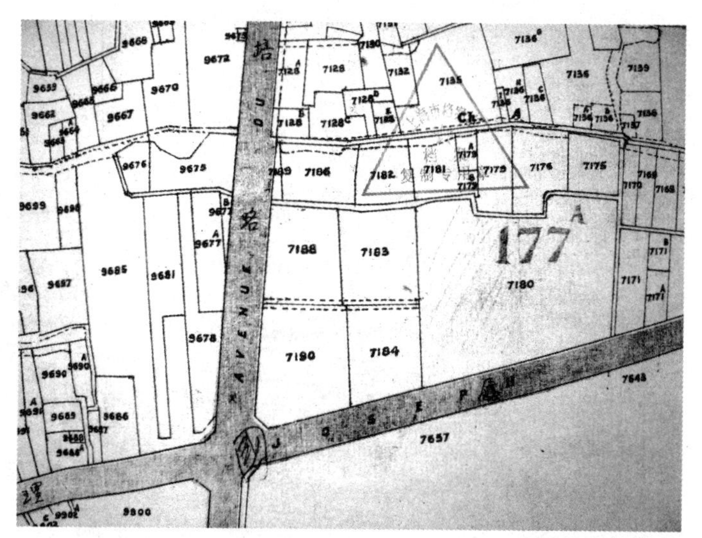

租界地册图局部

从东南角俯瞰“勃艮第之城”

将今天的卫星航拍图与绘于 1930 年的步高里总图原始稿，以及 1949 年新中国成立前绘制的总平面示意图相对照，可以发现图底关系基本没有变化。里内的弄道横平竖直，很多对步高里的介绍中，都称其为典型的“丰”字形结构。确实，里弄住宅的内部交通结构大多如此。有人称之为“鱼骨”式路网，也有人根据具体差异，总结出若干的形式②，这些其实都是“干支式”的不同繁复程度的体现。不过，对于步高里来说，“丰”字的抽象化概括却丢掉了其真实结构中最重要

①聂兰生，马健.Town House 的由来与发展.世界建筑，2002（8）:16–21

②沈华主编.上海里弄民居.北京：中国建筑工业出版社，1993.26 页

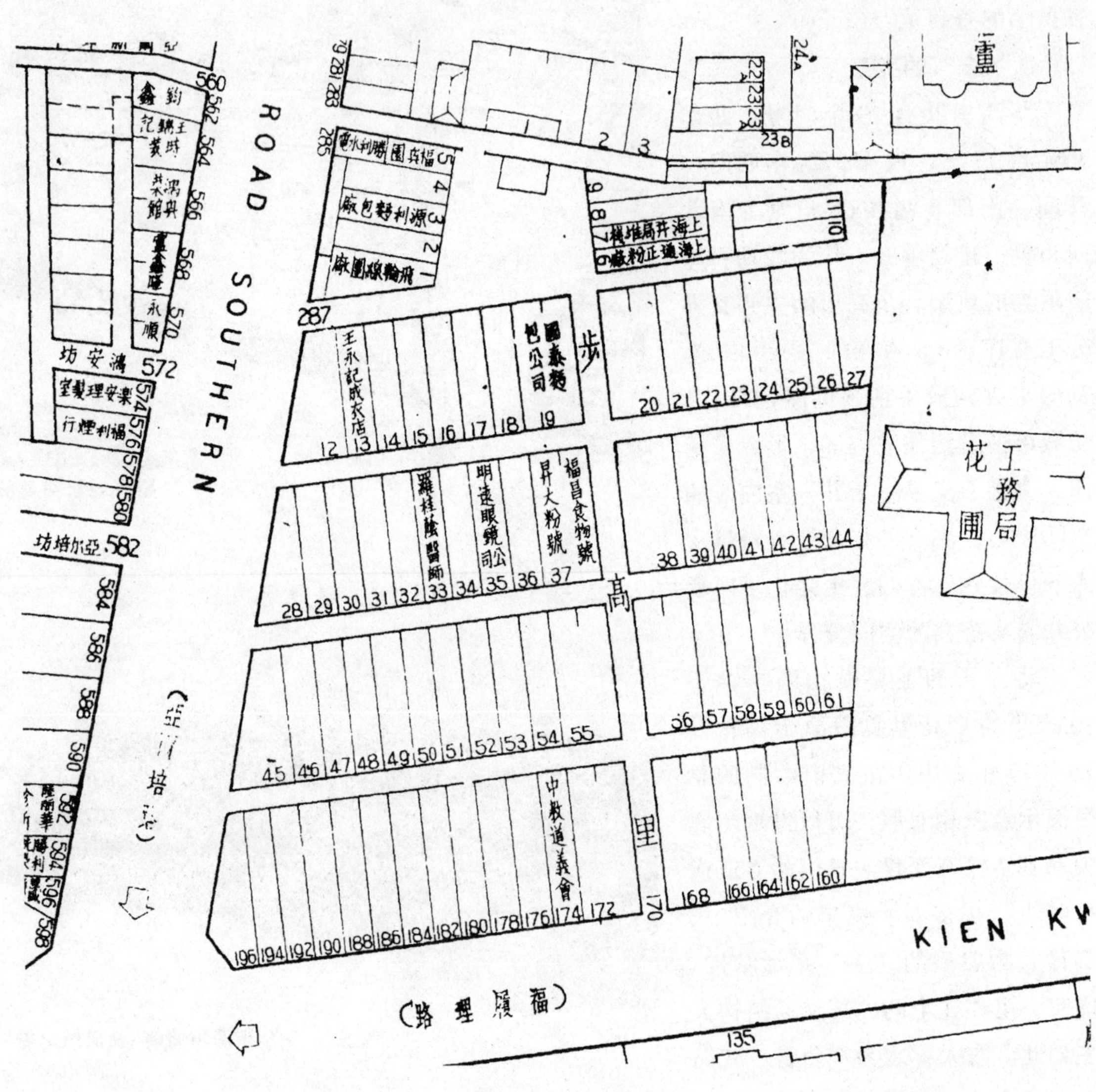

1949 年步高里总平面及门牌号

的一部分，一个经过统一规划设计的公共活动空间。“丰”字的北部还有一条弄道和一块空地，犹如在“丰”上面加了一横一点，更像一个“年”字。在纵横弄道相交处的这一片小广场区，也使步高里弄内空间别具特色。

广场西南角有一水井①，北侧靠围墙为一座水塔。广场东西两侧的1~9号均朝向菜市，作下店上宅之用。一层正屋为店铺，面向广场整开间设活动板门；附屋为厨房；无天井和石库门，仅在1~5号沿亚尔培路侧有一条备弄。二层正屋为卧室，带有一个可以俯瞰广场的阳台，连续的阳台使下方店铺门口形成一条浅浅的人行道，总图注明为“Pathway”；附屋为厨房、两层亭子间和晒台。阳台檐下有简洁的木制挂落，今天还能看到。在1号店铺沿主弄一侧甚至还设有展示商品的橱窗。看来，小广场区域是被精心设计成了一个商业化公共空间。它作为城市空间在里弄内部的延伸，使步高里成为了一个功能多样的复合型社区、一座“城中之城”。

步高里内部散布着一些店铺作坊之类非住宅空间或下店上宅，包括职工宿舍的商住混和空间。1937年，以无敌牌擦面牙粉和蝶霜闻名的家庭工业社迁至步高里进行短暂的小规模生产。直到1949年新中国成立前，弄内仍有1号大和祥南货店（一楼）和飞纶制线厂职工宿舍（二楼），3号源利面包厂，5号胜利水电、福兴茶园以及一个老虎灶，6号上海通正粉厂，7号上海井局堆栈，12号飞纶制线厂，13号王永记成衣店，19号国泰面包公司，33号罗桂荫医师诊所，35号明远眼镜公司，37号升大粉号，57号福昌食物号，174号中道教义会。② 西南角的196号在20世纪40年代初还做过老太君庙。这一户的后门开设于沿亚尔培路侧外墙，进出均不经过弄内空间，因而整个步高里相对孤立的一户，也许这是它能够被选作庙堂的原因之一吧。

图纸中的秘密

1.总平面图

从总平面图原始稿中可以看到，步高里的住宅单元以单开间为主；8个标准双开间位于“年”字的一竖两侧。为了适应地形，沿地块东侧、北侧的户型房间多为梯形，沿西侧则大都带有梯形或不规则形的厢房。据图基本可以揣测到其总体设计逻辑：以建国西路沿街面为基准，开间方向在布置了14个标准单开间、2个标准双开间以及一条主弄之后，将

①该水井在1931年3月9日的《公董局公报》中才被公布批准于“福履理路地册第七一八八号”地块开凿，步高里竣工时此处并无水井。

②据《上海工商名录》(1945年)、《上海市行号路图录(下册)》(1949年)及居民回忆整理。

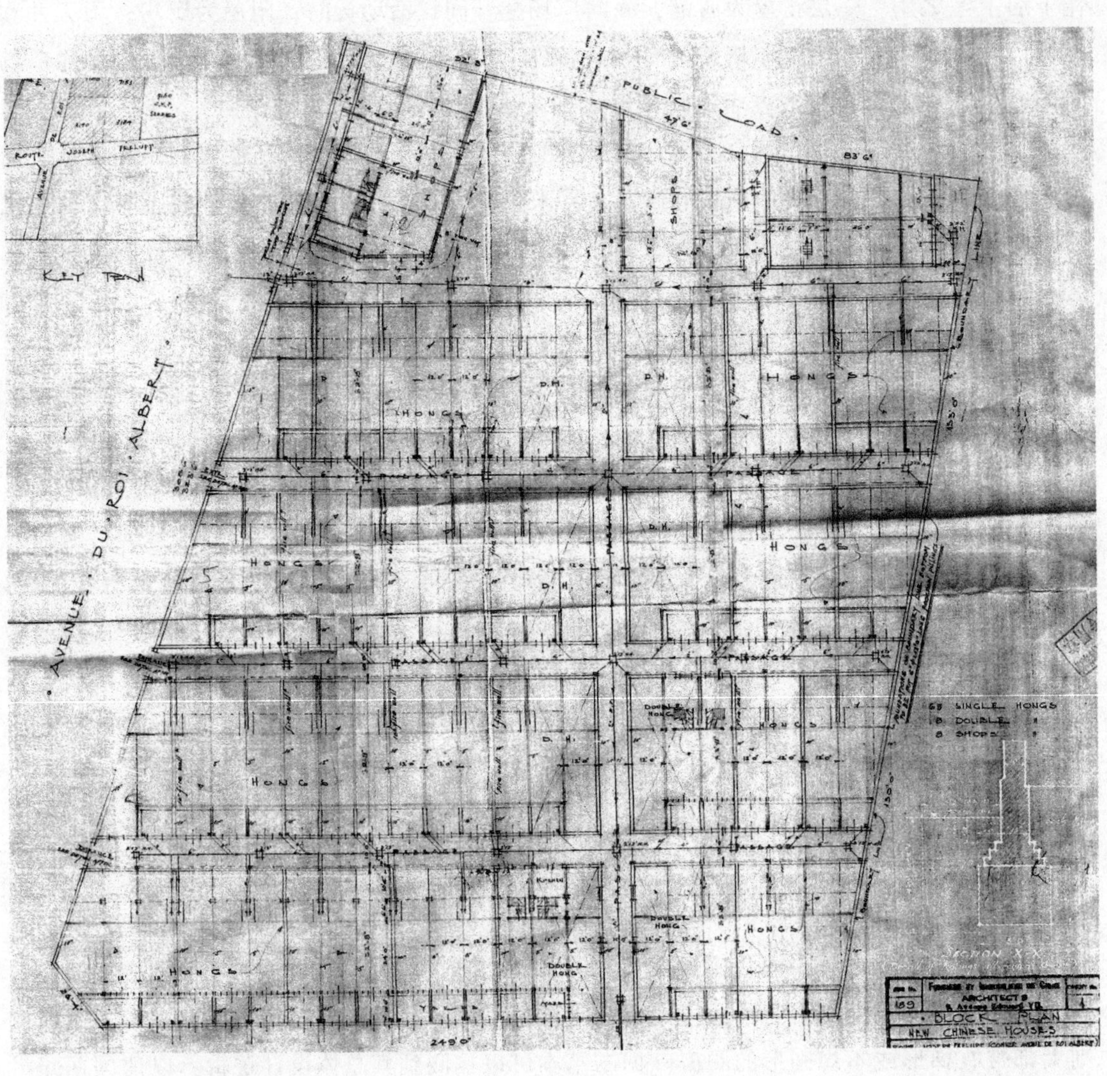

步高里总平面设计图原始稿

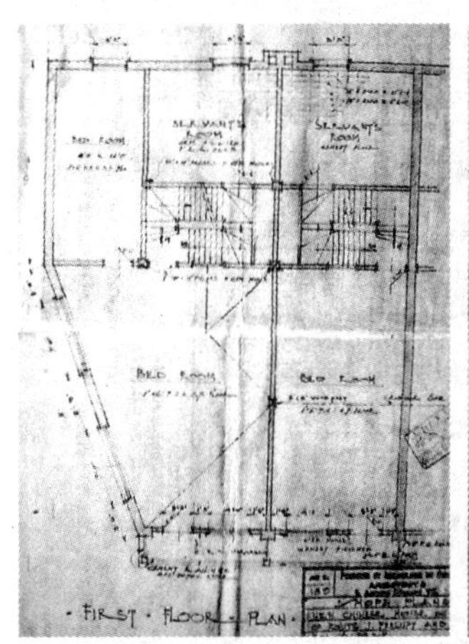

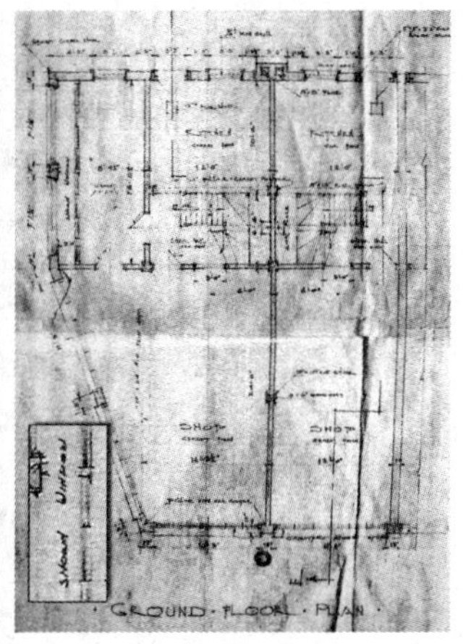

步高里1、2号一、二层原始平面

余下的不到两个开间的宽度大致均分给端头的两户；进深方向依照一定的尺寸由南向北行列式排布四排；余下的北侧地块另作特殊设计。两排店铺的户型平面除了没有石库门和天井，内部格局与标准单开间单元基本一样，只有1号、8号和9号有所不同。

2.单体平面图

步高里的标准单开间户型面宽为12英尺（约3.66米，轴线距离），进深52英尺8英寸（约16.05米，含3米深的天井及南北外墙厚度），正屋两层，附屋三层，总建筑面积大约110平方米。平面图反映的建造格局与现状是基本一致的，唯一的不同是楼梯。图中的楼梯从厨房侧起步，在第一个楼梯平台处向两个方向做扇形踏步，分别通向二楼亭子间和前楼。前楼门口的平台从一半处开始向上起步，转角仍为扇形踏步，可达三楼亭子间，继续向上则可达晒台——门口仍然有扇形踏步。而现状则是楼梯靠后客堂侧起步，从底层到晒台共四跑楼梯，分别为12级、7级、7级、12级，另外在厨房与楼梯之间地坪有一级高差，在二楼亭子间门口，亦即第一个平台的中间有一级踏步。这样做比图中的楼梯简洁、实用，并且消除了三楼亭子间与前楼门对门的不利影响。而原设计由于在楼梯平台处留了一处通高空间，梯段较短，不得不靠扇形踏步来解决踏步数不够的问题。这里设计通高有什么意图呢？答案在剖面图上——楼梯间的屋面原设计为夹丝玻璃（wire glass cover），这是一个有采光、利通风的小小吹拔。对照公董局1930年1月27日公布的《巡捕及马路规则（建筑类）》第三款第二节第4条：“若天井或空地上须覆盖者，当用玻璃罩盖，并备适当通气洞妥为维持。”[①] 或许，这“迷你玻璃中庭”是为补偿取消的后天井而做的一种折中设计。至于最终为何改变实施方案，已无从知晓。假如照图施工，实际的室内物理效果如何现亦无据可查，但可以确定的是，取消这个有趣的空间并非坏事。在后来分租多户的时候，宽裕的楼梯平台得到充分利用，厨房、盥洗室、马桶间等辅助空间纷纷布置于此，为住户们

①陈炎林编.上海地产大全.上海:上海书店,民国22年(1933年). 918页

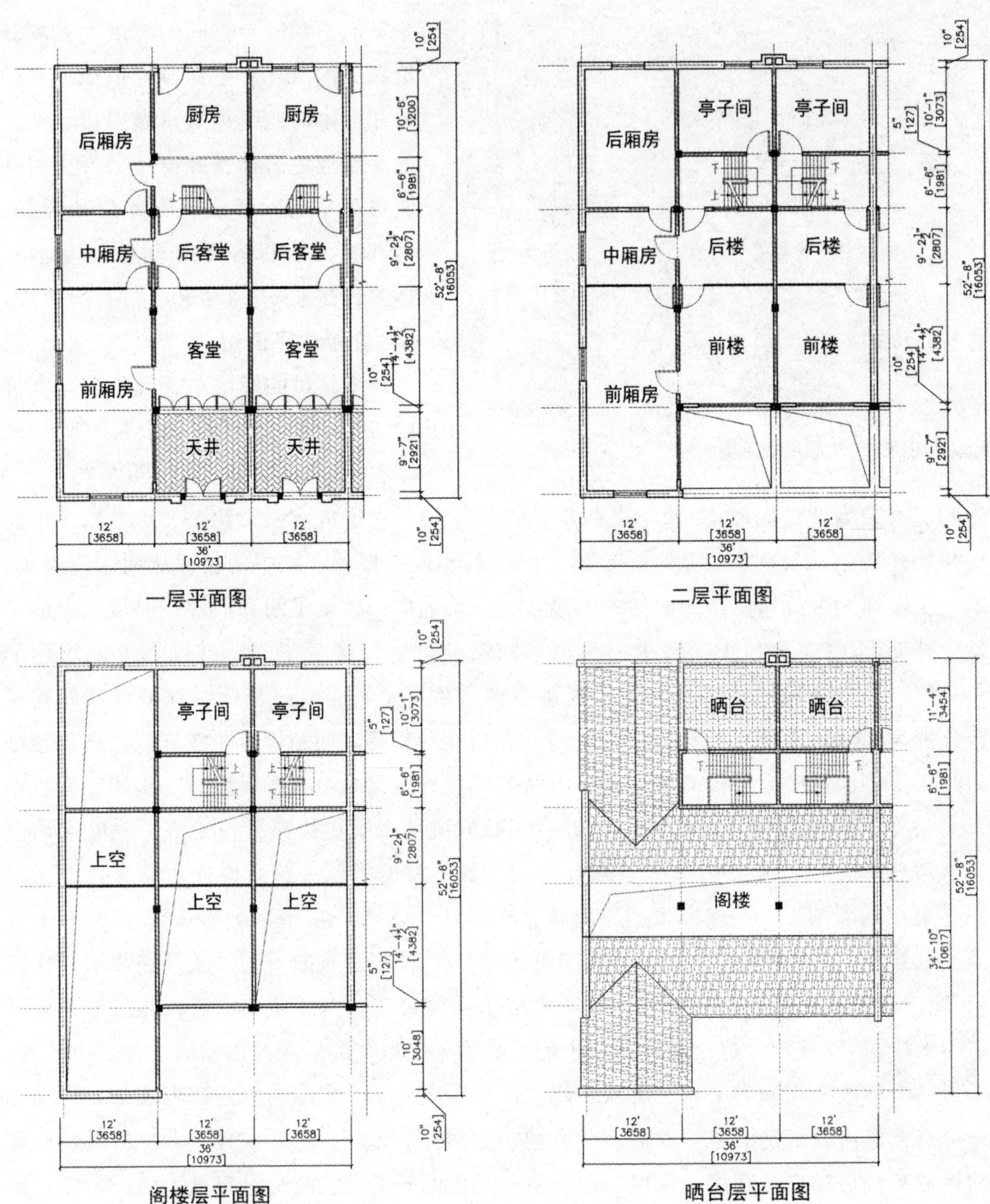

步高里标准单元各层平面尺寸详解

提供了极大的方便。在这个空间中，还有另一处有趣的设计值得注意，那就是设置在楼梯间内部的雨水沟。它并没有与屋面结合起来做在坡顶与楼梯间外墙的交角处，而是做在了楼梯间内。看似相隔的左邻右舍，就这样被一条长长的“秘密通道”串了起来，下大雨的时候，室内哗哗啦啦，声音极具气势。这样设计有出于简化屋面构造、增强构件的标准化、减少漏雨可能性的考虑。

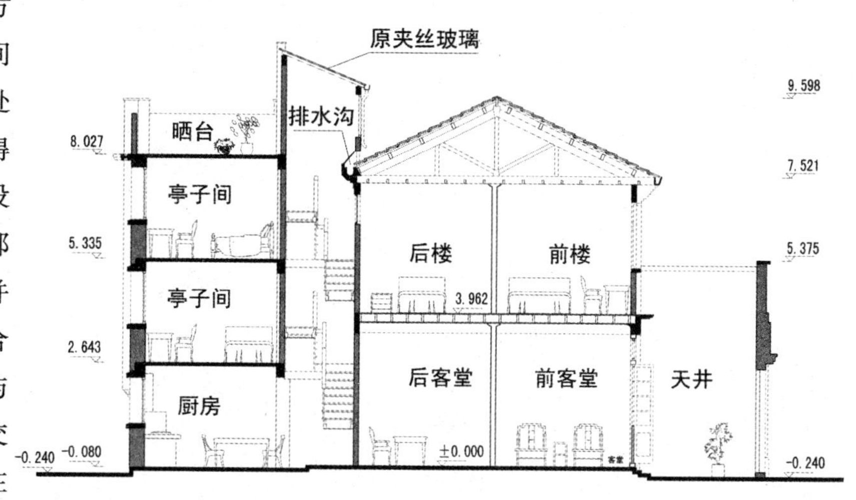

标准单元剖面

3.单体剖面图

剖面图中除了藏有楼梯间排气天窗的秘密，还有几道加法题。

在总图中看到，每隔三个开间（局部为两个开间）布置有一道 10 英寸厚的一砖墙，其余分户墙均为 5 英寸厚的半砖墙。这不同的墙厚设置有什么讲究呢？这还得从房屋高度说起。

当时法租界公董局为防有人偷工减料私造 3 层楼房屋，规定：“凡三间毗连式房屋的高度总和不得超过 38 英尺，风火墙需砌 10 英寸厚。若超过规定，则风火墙必须砌 15 英寸厚。分隔墙高度不超过 32 英尺的房屋，除底层必须砌 10 英寸厚外，2 层可砌 5 英寸厚的墙，否则必须全部砌 10 英寸厚的墙。”①

简单计算一下。在剖面图中，厨房层高、两个亭子间层高、晒台处楼梯间高度的尺寸分别为 9 英尺（2.74 米）、8 英尺 10 英寸（2.69 米）、8 英尺 6 英寸（2.59 米），室内外高

① 《上海租界志》编纂委员会编. 上海租界志. 上海：上海社会科学院出版社，2001。第五篇“管理”之第四章“房地产和建筑管理”第三节“建筑管理”

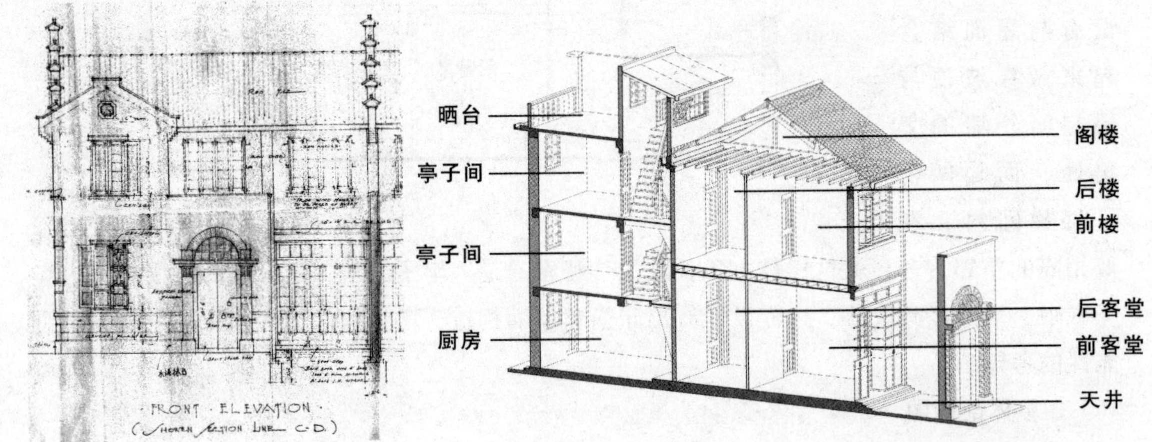

步高里立面图原始稿

标准单元的剖透视

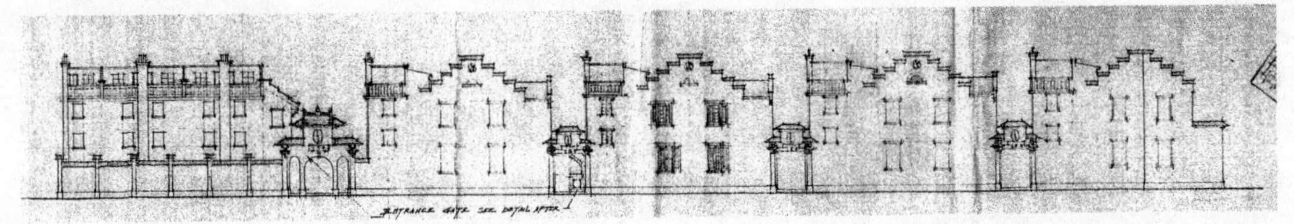

步高里沿亚尔培路立面设计图原始稿

差 4 英寸（约 0.1 米）。

9′+8′10" +8′10" +8′6" +4" =35′6" <38′

再看分隔墙高度。客堂层高为 13 英尺（约 3.96 米），前楼层高 11 英尺（约 3.35 米），屋架高度 7 英尺 4 英寸（约 2.24 米，图中所标 7 英尺仅量至大梁中心线），室内外高差 4 英寸（约 0.1 米）。

13′+11′+7′4" +4" =31′8" <32′

由此可知，在总图上有规律布置的 10 英寸的厚墙，正是按照规定，“三间毗连式”高度总和不“超过 38 英尺”的房屋所需设置的风火墙。至于普通分隔墙，虽然高度在 32 英尺以下，但总平面中一层的墙体竟然也是 5 英寸厚，与规定抵牾，不知何故。

剖面中，结构与材料的标注体现出 20 世纪二三十年代石库门里弄的常规做法：多为砖墙承重和木屋架的屋顶；材料多样、繁简得当，亭子间、晒台等部位开始使用钢筋混凝土；屋面也多由机制瓦代替了小青瓦。

4.立面图

1921 年 3 月 21 日，公董局董事会决定，在租界内公馆马路（今金陵东路）、爱多亚路（今延安东路）、霞飞路（今淮海中路）、吕班路（今重庆南路）、福煦路（今延安中路、金陵西路）、贝当路（今马当路）等租界内主要道路上申请建造中式房屋的营建许可证，只有拟建房屋的门面采用西式式样才可批发。[①]由于规定的严格执行，十年下来就造成了法租界西区境内几乎是清一色的西式建筑。步高里的门面与内部立面是一样的，所以整体上应该都受到了该规定的一定影响。如果深入比较，就会发现步高里的立面塑造有着明显的独特性。在步高里，石库门里弄的特色——黑漆厚木门扇配石料门框和门头及两侧的装饰自然不可省略，门框材料从立面外部无法识别是真是仿。但在立面

20 世纪 70 年代小牌坊入口旧影

① 《上海租界志》编纂委员会编. 上海租界志. 上海：上海社会科学院出版社，2001. 第五篇“管理”之第四章“房地产和建筑管理”，第三节“建筑管理”

图上清楚地标着“artificial stone frame ”，即仿石门框。而在平面图上则标明了其内部的材料：“cement conc. frame with art stone finished”，即仿石外饰的混凝土门框。非常值得注意的是，设计师在石库门“门脸”这一重点部位，没有采取纹样繁复的西式山花或线脚层叠的经典柱式，仍只钟情于与墙面相同的材料——红砖，只是在砌筑方式上求新求变。

砖饰

步高里的石库门外饰由一个简约的仿拱券与两根敦实的壁柱构成。由于观感相同，凹凸反差小，如壁柱仅突出墙面约 6 厘米，在没有强光照射的情况下，从中远距离看，砖饰与墙面几乎融为一体。两者共同成为图底，将门框和门扇部分衬托了出来，整体风格显得清淡素雅。仿拱券饰面采用面砖，向心砌筑，券下半圆区域则仿清水砖墙平砖顺砌与侧砖丁砌间隔，外观如编席纹理。“席纹式”的每一方块、外圈“拱券”、两侧的柱头及门楣线脚中，都随机镶嵌有若干块深棕红色砖，装饰手法很有现代感。面砖表面平整光滑，与建筑其余部位大面积的粗砖墙面产生明暗、方向、质感的对比。光影流动之间，透出一股典雅气息。

整个 20 世纪 20 年代是晚期石库门里弄建设最为兴盛的时期，也是上海日趋摩登的阶段，建筑立面风格愈趋西化，马头墙和观音兜等中式元素基本不再使用，弄口、门窗等处大量出现砖砌发券。而具体到每个里弄，则仍是各有特色。步高里除石库门里弄常见的西式装饰之外仍采用了一些中国传统建筑元素，其中又以气度雍容的中式牌楼最为别具一格。从沿亚尔培路的立面图上，我们可以看到一种节奏。在弄道与城市道路的相接处，建筑师设计了不同尺度等级的牌楼：亚尔培路主弄口的大牌楼、福履理路主弄口的中牌楼和西侧三个支弄口的小牌楼。它们与福履理路侧的石库门围墙、亚尔培路侧的风火山墙、西北角的备弄共同组成的完整街廓，成为这个道路交叉口控制性的城市空间元素，赋予了本区域一个和谐统一而又个性鲜明的景观意象。高低起伏的马头山墙，间隔着一个个牌楼，这两个元素成为整个图面的焦点。而今天，只有主弄口的大牌楼还在。马头山墙和支弄口的小牌楼顶部都已被拆除，十分可惜。

对照记

这里借用上海才女作家张爱玲的旧照合集《对照记》作为节题，意带双关。三个字拆开有“面对老照片而记录”之意，而“对照”一词的本意是“对应比照”——这又正是老照片所能起到的最大作用。在探究历史的过程中，偶得故旧图文与现场实物之间“对照”印证，从而能描摹出一种传说中互为枯荣、爱恨同根的双生花，需要一定的运气。

从步高里往西步行十分钟，就到了一片起名为建业里的石库门里弄。它与步高里尽管分属徐汇、卢湾两区，但同在建国西路，相距不过千米。与大部分静默在车流树影后的里弄相比，它们在上海都算是名声在外的。在2007年改造工程启动之前，建业里是上海现存最大的石库门里弄建筑群。前面提到过的《老弄堂建业里》一书，就是由动工前进行抢救性测绘和调研所得的珍贵资料整理汇集而成的，这是目前为数不多的里弄建筑个案考察的成果之一。遗憾的是，书中列举当年建业里开发商名下的部分地产时，竟然遗漏了步高里。看来两者由同一家房产公司开发建造之事，确实鲜为人知。而进一步研究后，我们发现，她们之间的关系，还远不止这么简单。

如今大多与里弄建筑相关的书籍往往流于照片和导游词的堆砌，在里弄建筑日渐颓败、城市记忆不断流失的今天，这令人颇感焦虑。这里试图将建业里与步高里这两个表面上孤立的个体并置于城市发展的大背景中进行对照，通过挖掘、解读各类相关图文，找寻它们携带的历史信息之间的内在关联，这也是一个有趣的解谜破案的过程。

1.广告背后

1931年1月20日至2月1日，有一则为两处石库门房产招租的广告在《申报》上隔日刊登，这两处房产便是建业里西里（后文简称“西里”）和步高里。广告强调了两者交通便利（公共汽车“直达”或车站“极近”）、配套完善（菜市“在里内”）和价格优势（“不取小租”[①]，“用水在内”）等卖点。末尾所署的开发商是“中国建业地产公司”。

中国建业地产公司其实是法商万国储蓄会（Société Internationale d’Epargne，International Saving Society）的一个子公司。万国储蓄会于1912年由法国人部亭（Jean Beudin）、

①当时租客租房时往往须向房东另交1~3个月租金，有购买使用权之意，停租一般不退还。

范诺（Rone Fano）等发起组织，主要通过发售“有奖储蓄会单”吸收大量中下层市民的资金，业务曾经盛极一时。到1934年6月，其储蓄存款高达6500万元。[①] 利用这些资金，万国储蓄会除了做债券、外汇等生意外，还从事房地产投资、买卖、抵押等业务。1934年，其直接控制的和有投资关系的外国地产公司近10家，拥有产业27处，法租界的土地、房屋很大部分属于该会。

1920年，万国储蓄会成立了中国建业地产公司，资本额为银20万两；1933年，资本额改为280万美元，成为在沪法商最大的房地产公司。公司的地址“爱多亚路九号三楼”位于现在的延安东路靠近外滩处，不仅在当时，即便是今天，也是地价最高的地段。在此拥有一席之地，足以证明公司的实力。

有学者认为石库门里弄在开发之初都是一幢一户独用的，今天的大部分原住民其实都是后来才搬迁进来的，实际情况未必全是如此。根据招租广告，西里和步高里的租金为单幢单开间每月35元，双幢双开间每月80元，而当时的普通工人月平均工资仅为14~15元。这么看来，其面向的租户均为富足的中产阶级，而非普通大众。但是，此前在1930年11月22日《申报》上刊登（隔日刊登，至12月4日止）的西里的竣工预告广告中，明白写着“单幢可分七间用”。至于为何在该竣工预告中没有出现步高里，为何在后来招租广告中又对分租只字不提，我们不清楚。不过很显然，当时开发商已经注意到社会上迅速成长的“二房东”群体，这一食利阶层租下整幢后再把房间分租出去，以收取超过原租金的费用为生。故此，“单幢可分用”成为了石库门住宅产品的一个户型要素。这也预示，

20世纪20年代的爱多亚路

①《上海通志》编纂委员会编.上海通志.上海：上海人民出版社，上海社会科学院出版社，2005.第二十七卷“房地产”之第三章“房地产业”第一节私营房地产

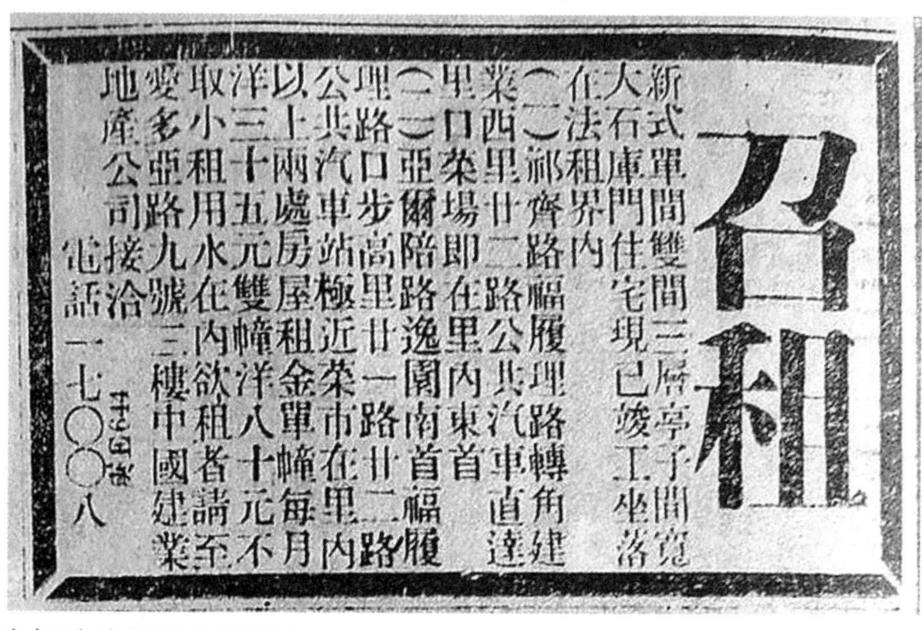

召租

新式單間雙間三層亭子間寬大石庫門住宅現已竣工坐落在法租界內（一）祁齊路福履理路轉角建業西里廿二路公共汽車直達里口棠場即在里內東首（二）亞爾陪路逸園南首福履理路口步高里廿一路廿二路公共汽車站極近棠市在里內以上兩處房屋租金單幢每月洋三十五元雙幢洋八十元不取小租用水在內欲租者請至愛多亞路九號三樓中國建業地產公司接洽電話一七〇〇八

步高里与建业里西里招租广告

召租

法租界祁齊路福履理路轉角建業西里新建特別單間雙間庫門住宅將近竣工

（交通）廿二路公共汽車直達里口

（特點）棠場即在里內適合房屋寬大單幢可分七間用

（房金）每月租洋三十五元用水在內不取小租

中國建業地產公司啓

愛多亞路九號三樓電話一七〇〇八號

步高里与建业里西里招租广告

JOB No. 189 FONCIERE ET IMMOBILIERE DE CHINE ARCHITECTS 9, Avenue Edouard VII SHEET No. 2

GROUND & FIRST FL. PLANS
NEW CHINESE HOUSES
ROUTE JOSEPH FRELUPT
CORNER AVENUE DE ROI ALBERT

SCALE 1/4" = 1'-0"
DATE 16TH MAY 1930
J. Chollot ARCHITECT

JOB No. 189 ARCHITECTS 9, Avenue Edouard VII

BLOCK PLAN

DATE 16TH MAY 1930

J.J. Chollot

步高里、建业里原始图纸连续图号、签章与 J.J.Chollot 的签名对比此类石库门住宅未来的居住模式将会是向平民大众倾斜的。事实上，石库门虽然为一幢一户设计，但步高里几乎就没有成为过一幢一户的高档社区，混合居住才是常态，这已经成为其历史特征的组成部分。

招租广告也给认定步高里和建业里的建成年份提供了明确的依据。鉴于当时的验收、检测尚无成型的规范程序，而开发商更不会将竣工的新房闲置一个月再行招租，有理由推测，步高里的建成时间并非通常认为的其弄口牌楼所标的"1930"年，很可能就是在广告刊出之前，即1931年1月上旬或中旬。另外，建业里东里的总图上标注有"1928年12月24日"，加上成图后营造申请材料的准备与审批时间，可以判断，东里、中里与西里当系1929年初至1931年1月先后建成。一些资料称建业里建于1930年的说法并不确切。

2.图签上的线索

解密双方关系，证明两处房产同属一家房产商只是第一步，深入破解"建筑谜题"最有效的线索莫过于设计图纸。每张图纸的一角都有一枚图章，经过七十多年，依然清晰可辨，它除了使图纸合法生效，也记载了图样之外的很多重要信息。对比其中签注，主要联系如下：

其一，两者的项目编号（Job No.）是连续的。西里为188号，步高里为189号。看来西里是较早立项的。

其二，两者的成图日期接近。在笔者所见到的几份图签中，西里的成图日期为1930年5月10日，步高里的则为1930年5月16日和19日。那么两者的设计工作应该是同期进行的。

其三，尽管西里的建筑师签名较为模糊，但通过仔细对照，仍然可以确定与步高里的建筑师为同一人。惜手写体签名潦草难认，经辨别疑似"F.Chollot"，却未能查找到任何相关信息。不过，近代上海有两个有名的Chollot：邵禄（J.J.Chollot）与邵禄壁（P.J.Chollot）。前者自1893年至1907年担任法租界公董局的总工程师；开设了法商邵禄父子工程行（Chollot et Fils，J.J.）和邵禄洋行（Chollot，J.J.）；于1927年成为中国建业地产公司董事长，1930年成为万国储蓄会董事。后者则于1927年出任中国建业地产公司总经理。有理由推测，这两个Chollot与图章里的签名有某种联系。

3.孪生的户型

西里与步高里均为典型的晚期石库门里弄形式。户型以单开间为主，端户为双开间。对比两者的平面图与剖面图可以发现，标准户型的内部空间设计及各处主要尺寸几乎一模

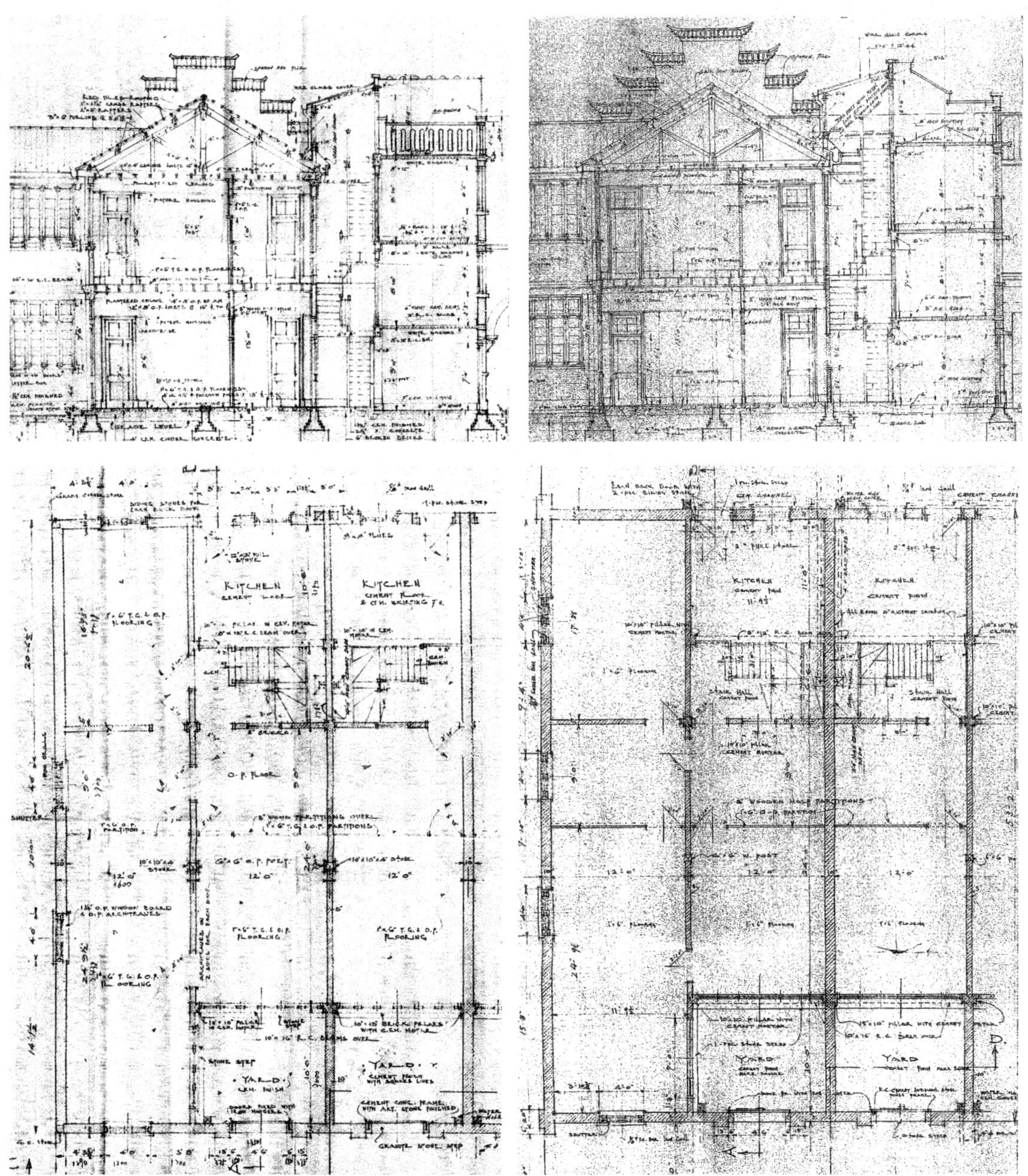

步高里、建业里西里剖面与标准平面比对

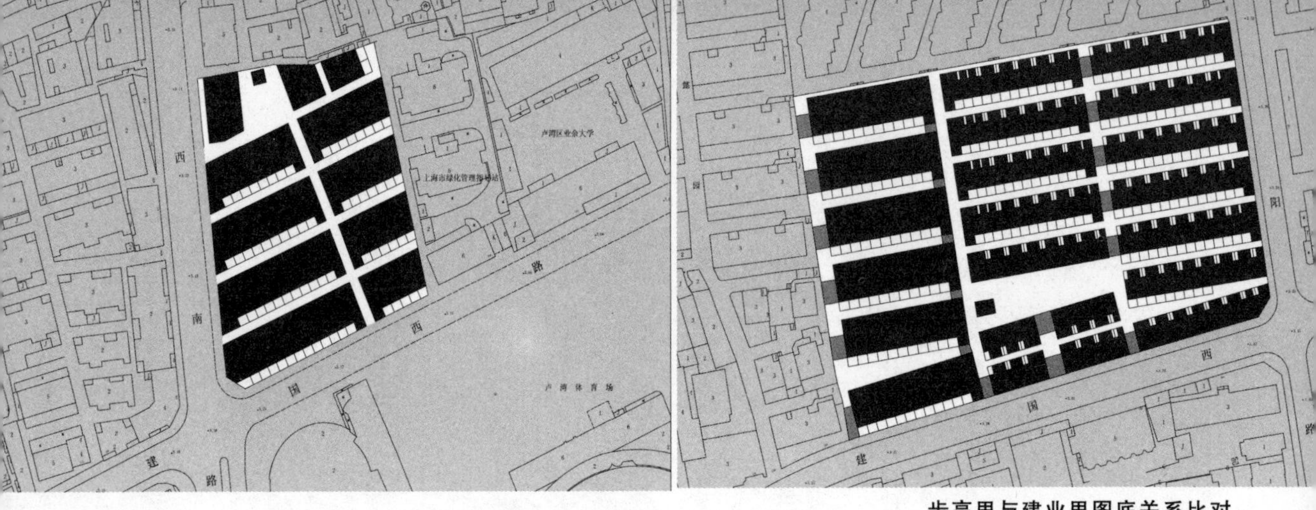

步高里与建业里图底关系比对

一样。主屋两层，附屋三层带天台，有前天井而无后天井。只是西里每一排住宅的两端分别有跨支弄（东端）或主弄（西端）的过街楼，因此端部前后厢房的大小与开窗有所差异。

20 世纪 20 年代末到 30 年代初，是上海房地产市场的黄金时期，在这样的发展环境下，房地产商在两个同期开发的类似项目中，重复利用现成户型的做法，很可能是一种行业惯例。一则缩短设计周期，提高生产效率。二则作为服务于普通中产阶层的大批量的产品，没有必要像别墅一样强调每个项目的专属与独特。四明别墅和四明邨两条同姓的姊妹弄堂也存在类似的情况，《上海弄堂元气》的作者张伟群娓娓道来："为什么非常有创新能力的设计师，要照搬原来的设计，强合两条弄堂的外貌、内部构造而一之？恐怕只有一个解释……他必须先迎合并满足投资方的要求。"① 的确，一些事实证明，里弄的若干户型经过推敲，相对成熟，是顺应市场需求，有一定开发推广价值的，这一点可从建业里东里、中里与西里的比较中反映出来。

东里和中里除沿街户型有所差异，内部标准户型基本一致。单开间面宽 11 英尺（约 3.35 米，轴线距离）；进深 42 英尺 2 英寸（约 12.85 米，含天井及南北外墙厚度）；有后天井；附屋仅两层。与西里（面宽 12 英尺，进深 53 英尺 2 英寸）、步高里相比，进深浅，面宽窄，单元面积小。因此尽管建业里的用地达 17400 平方米，约为步高里的 2.5 倍，可建筑密度（58%）和容积率（1.17）却均低于步高里（66%，1.44）。在东里和中里的总平

---

①张伟群.上海弄堂元气——根据壹仟零壹件档册与文书复现的四明别墅历史.上海：上海人民出版社，2007.40 页

面图上，西地块上所绘的西里远期规划为八排建筑，而实际设计建造时却改为了六排。大进深、三层附屋的西里更充分地利用了土地。建业里不同时期户型设计的这种“进化”，正是地价飞涨、住房日紧导致的结果。

4.席纹砖饰

法国是发明“米”制的国家，与英国不同，度量衡采用米，图纸一般沿用米制标注尺寸。但步高里的历史图纸正如法租界的图纸一样，沿用了英尺。砖的大小也沿用了英制，墙砖尺寸为 10 英寸（25.4 厘米）长，5 英寸（12.7 厘米）宽，2.5 英寸（6.4 厘米）厚。砖的尺寸不仅在各个国家，在中国各个地区亦多有不同，它构成了整体立面的基石，与当时批量化的生产体系有关。

步高里的砖墙砌法是最为普通的一顺一丁，此法整体性好，对工人的技术要求又较低，非常适合于商品房的大面积墙体砌筑。石库门“门脸”部位如前文所述，半圆仿拱券下，采用了席纹拼花，具有重复性肌理特征，体现了粗材细作的匠心独运。建业里的石库门也以砖砌为主，且门头和两侧壁柱都使用了席纹式拼花，观感却大不相同。其完全依靠砖砌方向的纵横变化和外轮廓的阶梯状收分来达到装饰效果，没有出现一根线脚，极为简约，只是在门框上饰以一块同样简约的仿中式匾额。整体看来，西里的石库门过于简洁硬朗，稍嫌乏味。

5.消失的马头墙

如果步高里没有经过当年那次大规模拆改，今天的人们一定会忽略掉各异的石库门造型，把它和西里看成双胞胎。因为两者曾经拥有同样的非常明显的视觉标志——马头墙。

今天在街角远观步高里，水泥压顶的两坡山墙形成的天际线平平无奇。而在它的立面、剖面原始稿上，却画着“五岳朝天”的马头墙。只是线条表达简陋平直，不似西里图纸上那般起翘优美，精致生动，透出浓厚的徽派民居风味。有步高里的老住户说，马头墙是新中国成立后因坠瓦伤人而被全部拆除的，也有人说是“文革”时拆的，甚至有人说山墙一直就是现在这样的。值得庆幸的是，我们意外地在书中认出了步高里的两张老照片，照片在书中乃“无名氏”，也属于“无头案”，所注说明仅仅写道：“毗连成群、规模壮观的石库门建筑，成为上海的一大景观。”作者显然将之视为了石库门的形象代表。这两张珍贵的旧影，让步高里那在传说中变得模糊的马头墙重又清晰起来。照片虽摄于新中国成立前，但连绵如山的飞檐翘角仍十分清晰，其韵味不输西里。看来设计者有意在两件同期推出的产品中重复使用了重要的立面元素，赋予它们相近的特征，这很有可能出于开发商强化品牌识别性的营销策略。可惜，建国西路上这道马头双璧相映成趣的好景致，如今只能在想象中复原了。

旅居上海多年的美国女作家江似虹曾这样评说上海："今天世界上不会有第二个城市有如此多样的建筑荟萃，它们屹立在那儿，互相形成对照。"① 但相比这种"多样"之间的、一目了然的明显反差，令人更感兴趣的是像步高里与建业里这样的"同类"之间或微或著的同异对照——行文至此，我们终于可以为步高里与建业里这对失散多年的孪生姐妹的重逢感到欣慰了。

1949 年户籍指南

想知道究竟是些什么样的人曾经居住在步高里，最直接的办法就是查阅枯燥却韵味深长的户籍记录。

1948 年 11 月 7 日，上海开始进行全市人口总清查，这次清查属于国民政府为贯彻 1946 年修订完善的《户籍法》而进行的全国人口普查的基础工作。但由于内战爆发，各地

步高里 28–37 号南立面

①Tess Johnston，Deke Erh.A Last Look：Western Architecture in Old Shanghai.Hongkong：Old China Hand Press，1993：9，转引自：李欧梵.上海摩登：一种新都市文化在中国（1930~1945 年）.北京：人民文学出版社，2010.8 页

普查工作进展缓慢，效果也不理想。最终，这次为实现“宪政”而进行的户政法律体系实践没有能够完成。解放之后，施行新政，上海人口状况发生较大变动，因此，有幸留存下来的解放前夕的人口数据就更显得弥足珍贵了。

步高里的这次人口清查大致开展于1948~1949年初，其成果现保存于卢湾区档案馆。这份将近400页的《上海市警察局户口查记表》详细记载了每一户家庭成员的姓名、性别、年龄、籍贯、文化水平及职业等，资料信息的完整度比较高。其不足主要有以下几个方面：步高里共79个门号，查记表却仅涉及其中73个门号，未见2、3、4、6、16、17号的资料；有7位二房东的名字出现在其他住户的“二房东”一栏内，其住址栏注明了详细的步高里门牌，却并未发现他们在该门号的户籍登记；表格中还存在不少未填的空白项。

尽管有这些遗漏或缺失，资料的内容依然详细丰富。下文以这73个门号的查记表为对象，对当时步高里的居住情况进行统计研究。其中一些登记在册者，被墨笔划去，下注某年某月迁出，本文仍将其计数在内。

1.人口密度

根据现有的数据统计，73个门号共居住了215户，7个仅出现名字的二房东按不在此居住考虑，总人口1354人，其中常住人口1300人，平均每个门号2.95户，平均每户6.3人（常住人口6.05人）。依此估算，整个步高里79个门号大约有233户，总人口1468人，其中常住人口1410人。按照步高里占地面积6940平方米和建筑面积10004平方米换算，[①]当时步高里的人口密度为211527人/平方公里，人均建筑面积为6.81平方米。

①卢湾区人民政府编. 上海市卢湾区地名志. 上海：上海社会科学院出版社，1990.116页

步高里与建业里的"席纹"装饰比对

左为今天陕西南路与建国西路街角的步高里，右为同一地点之旧日亚尔培路与福履理路街角的步高里

这一人口密度究竟是高是低？来看一组上海人口密度的数据比较。1942 年，公共租界为 70163 人/ 平方公里，法租界为 83599 人/ 平方公里。同期，华界为 2991 人平方公里，上海地区为 7431 人/ 平方公里；1947 年，租界取消，上海 20 个市区为 43056 人/ 平方公里，10 个郊区为 1436 人/ 平方公里。虽然将一小片纯居住地块的人口密度与一个城市区域的人口密度比较，并不十分合适，但是两者数值反差如此之大，从一定程度上，仍可以反映出原法租界的里弄地段人口密度超高的生活环境。

但平均数据不能体现局部差异，具体到每一个门号和每一户，居住状况又有所不同。下面两张图所显示的是各门号居住人数和户数在步高里的分布情况。圆圈的直径大小代表数量的多少，圆圈的面积大小是人数的二次幂，这样可以更加凸显数量之间的对比差距。

2.居住人数分布

各门号的差别很大。两开间的户型和边角面积较大的异形户一般都住有相对较多的居民，也有少数单开间户型人员较为密集。登记人数最多的是 38 号，共 7 户 51 人，其住户信息在后文会有详细的“抽样比较”。排第二的是 12 号，共 2 户 42 人。这是一个特例，因为飞纶线厂开设于此，内有宿舍型群居空间，不同于普通住宅。其两位户长分别是王孝恒和何介夫，前者身份不详，后者为发行所经理。

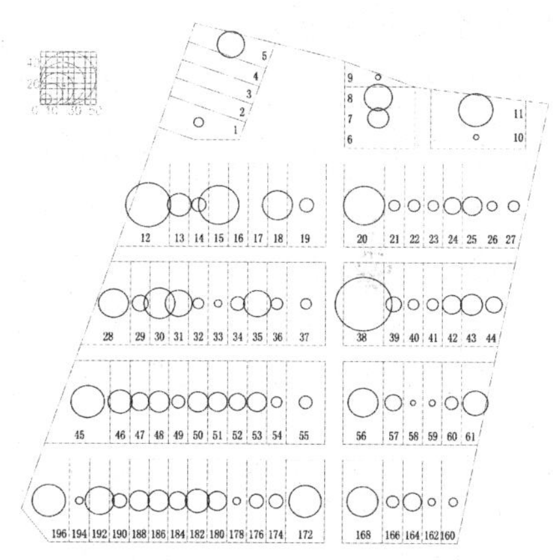

1949 年 10 月前步高里人数分布图

王孝恒户内登记有 45 人，除户长外，还有总经理、厂长、副厂长、人事、监制、9 名职员、27 名技工、2 名厂司和 1 名老司。其中常住 12 号的 39 人，户长王孝恒住在徐家汇路福兴里，总经理罗立群及 2 名女工住在金神父路 50 号，副厂长周志堂的妻子职员何林棣和一名技工罗丙生住在步高里 7 号。

何介夫户内登记有 9 人，包括何介夫的妻子、4 女 1 子及他的 2 个表妹。其中何介夫常住香港，仅其妻子携两个女儿共 3 人常住于此处。其余五人中，大女儿和儿子分别工作并居住在斜土路七一一号的飞纶线厂和吕班路的新光内衣厂；两个表妹在步高里 12

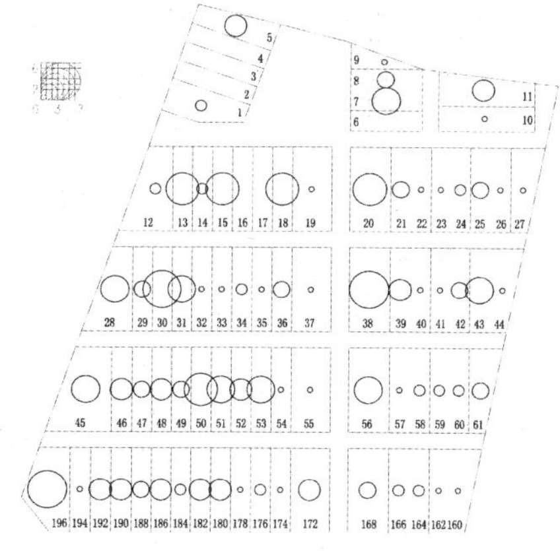

1949 年 10 月前步高里户数分布图

号飞纶线厂工作，住在斜土路福兴里；幼女刚刚出生，理应与母亲同住，但表中未登记住处，也未计入常住人口。在12号，管理人员及其亲属的居住情况难以确切判断，但三十余名职员和技工的宿舍之拥挤不堪则是可以想象的。

15号与20号并列第三，都是6户37人。但不同的是，前者为单开间户型，后者为双开间户型，空间质量势必大不相同。

3.户数与户均分布

户数较多的门号多数集中在步高里的东南区域以及一些双开间户等处，这样的布局与今天在步高里弄内所能看到的环境状况也还是大致匹配的。东南区域的支弄内堆放物、晾晒衣物等都更显得杂乱密集一些，而其余区域则相对清静整洁。当然，这也与东南角的支弄较深有关。

总体比例上，仅住1户的有22个门号，占总数的30.1%，住有2到4户的共35个门号，占总数的47.9%，两者合计占了78.0%。若按一个标准单开间户型共有客堂（含后客堂）、二楼（含前楼、后楼）以及两个亭子间合计4个居住空间来算，步高里当时的户数并不算很高，且一号一户的情况较多。

不同户数的门号所占比例

每门号户数(户)	1	2	3	4	5	6	7
门号数(个)	22	12	11	12	8	5	3
总门号数(个)	73						
百分比	30.1%	16.4%	15.1%	16.4%	11.0%	6.8%	4.1%

与户数分布相对应的，户均人数分布在东南区域出现一个明显的“洼地”——空间限定的情况下，户数越多，户均人数通常就会越少。其中，户均3人以下的只有一个58号，占总数的1.4%，该号住有2户，各为4人和1人。户均3~7人的达到46个门号，占总数的63.0%，户数则从1到7户都有。户均7~10人的17个门号，占总数的23.3%，户数集中在1到4户。户均大于10人的9个门号，占总数的12.3%，基本都是一号一户。

不同户均人数的门号所占的比例

户均人数 n(人)	n<3	3≤n≤7	7<n≤10	n>10
门号数(个)	1	46	17	9
总门号数(个)	73			
百分比	1.4%	63.0%	23.3%	12.3%

除非人数大大超过了建筑的承受能力，否则我们并不能仅根据居住人数的多少来判定生活条件的优劣，因为有可能这是一个佣人成群的大富之家。而如果一个门号内户数较多，说明出租率高，人员混杂，则可推测其居住环境应该是相对较差的。因此，一般情况下，决定一间石库门住宅的居住空间质量的，首先是户数，其次才是人数。而户均人数只能作为同类条件门号相互比较的参考指标，并不能单独拿来判断一个居住空间质量的高低。

抽样比较 1

以同为两开间大户型的 37 号和 38 号为例。两者的户均人数是 37 号大于 38 号，分别为 10 人和 7.29 人；而居住人数却分别为 10 人和 51 人，37 号远远少于 38 号——因为前者为一个大户人家，而后者住了包括二房东和租户在内的 7 户人家。

户口查记表显示，37 号户长为林经畹荷，女，48 岁，家庭妇女，其他家庭成员为 1 子 2 女、1 个孙女、4 个亲戚和 1 个佣人，共 10 人居住。其中，儿子林圣清 18 岁，为上海实验电影厂的收音师。亲戚江松泉为四明保险公司的副理。

38 号的 7 户人家，有 5 户是二房东冯泳德的租客，只有二楼前厢房是该户长王苑如直接向中国建业地产公司所租。各户人家情况如下：

户长冯泳德，43 岁，另有妻子、4 子 2 女及 2 个侄儿，共 10 人居住，其中，一个侄儿为南京东路大新公司职员；户长尤永龄，30 岁，沙泾路一六〇号宏泰漆行职员，另有母亲、妻子、弟弟、妹妹及 3 个女儿，共 8 人居住；户长王苑如，49 岁，上海市轮渡公司总务科任职，另有母亲、妻子、3 子 2 女及一个侄儿，共 9 人居住，其中，长子任职于四川路四二〇号中国旅行社国外组；户长曹顺生，55 岁，另有妻子、5 子 2 女，共 9 人居住，其中，长子在美联船厂报关，次子在国萃小学任教务主任；户长陈根华，65 岁，另有妻子、2 子 2 女及 1 个孙子，共 7 人居住；户长张晋卿，38 岁，在中正南二路的家庭工业社货栈做事，另有妻子、2子2女，共6人居住；户长曹鲁萍之，女，71岁，另有1子1女，共3人居住。37号与38号相比较，两者居住人数相差悬殊，且社会阶层前者略高，后者无一户有佣人，两者居住空间的质量不在一个水平上。

抽样比较2

再看一个复杂一点的情况。同为单开间的31号和35号，居住人数都是25人，户均人数却相差悬殊——因为前者住了5户，后者仅有1户。

查阅查记表可知，31号的五户人家情况如下：

户长孙佩琦，35岁，交通大学毕业，任民亨染料厂副总理、厂长，另有妻子、1子3女，共6人居住，所住部位未注明；户长赵锦明，33岁，烟厂职员，另有母亲、妻子、嫂子、侄女，共5人居住，住在二楼；户长董阿法，74岁，另有妻子、儿子，共3人居住，住在阁楼，二房东为赵锦明，其子董瑞明为步高里坎拿大通心面厂临时工。户长张佩伟，46岁，供职于上海电话局汾阳分局话务部，另有妻子、3子2女，共7人居住，住在一楼后房间，二房东为赵锦明；户长顾静鹤，38岁，在美孚行从事外勤调查，另有母亲、妻子、儿子，共4人居住，住在一楼下房间。

看起来，除了董阿法一家，其余不仅都不是底层劳动者，甚至还有资本家，他们的生

通往大牌坊

活水准应该不会很差。

35 号是一家弄堂工厂明远眼镜厂，安装有电话，登记有 27 人，包括户长高志奋和妻子与 4 个儿子，以及高志奋的母亲、弟媳、3 个侄女、3 个侄儿和 1 个外甥女，有亲缘关系者共 15 人；其余 12 人为 5 个职工、5 个学徒和 2 个佣人，其中 2 个职工不住此处，共计常住人口 25 人，原籍几乎全是浙江绍兴，像一个热热闹闹的大家庭。我们无法确知这一大家子是怎么分配 35 号的居住空间的，不过毫无疑问，与前文 12 号类似，那些学徒、职工和佣人的住宿条件一定较为拥挤简陋，很可能每晚临时在车间搭铺睡觉，而老板一家和他的亲戚则应该有着固定的相对舒适的住所。因此，尽管 35 号只有一户，但由于户内各色人等身份不同，分布亦不均匀，仍然存在空间质量的较大差异。这和 31 号相类似，两者的居住环境并不能就此分出高下，只能说，35 号一门独户，在私密性上、安全上、心理舒适感等方面比 31 号要好一些。

4.户长调查

若要进一步对一千多人的资料进行深入比较，其工作量显然过于浩大。下文的分析将主要以 215 个户长，即户主为研究对象，从性别、籍贯、学历、职业等方面来考察一下步高里的人员构成情况。

户长调查——性别：步高里全体居民的人口性别构成比（以女性为 100 相对应的男性人数）为 96.2，女性人数略多于男性。而 1949 年全上海市人口性别构成比为 120.5，比步高里多了四分之一强。看来，在以居住为主的空间区域中，男女还算是各顶半边天；若以整体社会为考察对象，则男子依然是主力军。215 个户长中男女相差则非常悬殊，男性户长人数是女性户长的 5 倍，这符合当“男人当家做主”的实际情况。

步高里居民性别比例表

	人数(人)		占总计人数或户长人数的比例(%)
男	总人数	664	49.04%
	其中户长	179	83.26%
女	总人数	690	50.96%
	其中户长	36	16.74%
总计	总计人数	1354	100%
	其中户长	215	100%

36个女户长的家庭情况如下：已婚的17个，接近总人数的一半，年龄跨度较大，从21岁到53岁都有。其中配偶常住本户的，只有51号的户长，23岁的范陆秀明，该户仅其夫妇二人居住，丈夫范企香时任西康路四四六号华明烟草公司某部门主任。另外，1号阁楼的户长胡瑞云，她在12号飞纶线厂当分纱工，丈夫傅文煜登记于12号王孝恒的名下；53号户长赵玉环注明“配偶在外经商”；49号户长何丽娟丈夫的名字出现在二房东一栏。余者配偶情况均不详；丧偶的12个，年龄从39至56岁不等；未婚的3个，年龄分别为22岁、27岁和38岁，其中后者1个育有一女；婚姻状况一栏空白的4个，年龄分别为44岁、48岁、50岁和71岁，均育有子女。

以上女户长的资料罗列并不能表明这一部分女性在家庭“性别权力”分配中是否有绝对主导的地位。相反，从1人为飞纶线厂职工，其余35人职业一栏均为“家务”或空白来看，她们大多是在男性家长因某种原因缺位的情况下，按照角色和辈分推选出来的“代理”。

户长调查——籍贯：在215个户长中，十之七八是江浙人氏。这基本反映了当时全上海市江浙沪人氏居多的情况：江苏籍贯人口历来是上海人口最多的一支；浙江籍贯的人口在步高里的比例有所偏高，而上海本籍人口则偏低——据1946年和1950年的统计，全市上海本籍人口的比例分别为20.7%和15.1%。

历来上海就是个五方杂居之地，里弄之中更是如此。今天，步高里的外来租住人员占了总人口的三分之一，但仍比不得比六十年前的高比例；而那时的“外地人”现在已经成为了石库门里的“老上海”，他们的后代多数已经搬出里弄。

步高里户长籍贯统计表

省份	人数(人)	比例(%)	省份	人数(人)	比例(%)
江苏	85	39.53%	南京	2	0.93%
浙江	79	36.74%	山东	2	0.93%
上海	13	6.05%	河南	1	0.47%
广东	12	5.58%	湖北	1	0.47%
安徽	8	3.72%	山西	1	0.47%
福建	5	2.33%	天津	1	0.47%
河北	4	1.86%	不详	1	0.47%

户长调查——学历：文化程度一栏名目为“在何学校毕业或肄业或入私塾几年或不识字”。由于一些登记名称不详或书写不清，我们得到的数据并不很精确，但也八九不离十。215 个户长中，21 个小学程度，32 个念过私塾，66 个中学或专科程度，30 个大学程度，含 1 个医科二年级就读。有文化的共 149 个，达到 69%。其中大学程度的有 14%，也就是说几乎每 7 个户主就有一个高级知识分子。

5.分析

从上述的分析可得出大体结论：

首先，户密度具有决定性。从具体的使用状态来看，人口密度和户密度，即一定建筑面积内的户数是衡量里弄生存质量的指标，具有居住环境、心理、文化上的象征意义。按照估算，1949 年步高里的 79 个门号涌进了 233 户，户密度由原设计的 0.79 户/100 平方米上升到 2.33 户。经过六十年，至 2009 年步高里户数达到了 420 户，户密度为 4.2 户/100 平方米。前文已述，按照单元内居住空间数量来看，1949 年时步高里的户数并不算很高。与 2009 年相较，当年超标的户密度更算是偏低的了。再看看总人口，1949 年约为 1468 人，2009 年为 1050 人，人口密度分别为 15 人/100 平方米和 11 人/100 平方米，相差并不悬殊。这表明在户密度和人口密度之间，决定石库门住宅整体居住空间质量的，首先是户

步高里名人及保存物

数，其次才是人数。合理疏解超高户密度是步高里任何改建与整治的先决条件。

第二，亲属关系提高了空间使用效率。步高里 1949 年独门独户 22 户，占总户数的 30%，说明 1949 年虽然人口密度高，但一部分的交往建立在亲属关系之上，在缔造私密性和安全性上优势明显，容易分中有合，维持局部的生存质量，源于亲属或朋友关系的居住网络在步高里具有普遍性。

第三，人员混杂，出租率高。1949 年，步高里 4~7 户共处同一屋檐下的门牌号占到了总量的 38%以上。自从“二房东”这一食利阶层出现，完整的石库门被“分割”成“七十二家房客”，平民阶层便渗透进了“步高里”的各个角落。

第四，整体上仍属于中层职员聚居的社区。步高里并非高收入达官显贵阶层的社区，但也不是底层人民容身的贫民窟。户长以一般工厂、旅馆、商行中层职员、经理、厂长等为核心。显著的特点是户长受教育水平不低，近三分之一受到过中学教育，约七分之一念过大学。不过绝大多数人应该尚不具备相当的社会地位，如上海“义品村”的实业家、社会名人一样在解放前后离沪去港台海外，[①] 但也说明“小康历史”利于维系步高里的代际稳定，原住民生活形态演变的轨迹由此得到更好的延续。

第五，有名人留居。寻常的步高里也有其不寻常处，住户中也不乏名士富户。如前文提到的 37 号林家，据老邻居谈起该户为廖承志妻姐一家。经查证，廖承志的岳父是我国近代教育家、书画家经亨颐。而户籍资料中 37 号户长为林经畹荷，看来老邻居所言不虚。如今林经畹荷的后代大多去了国外，她二女儿林圣元曾在绍兴路永昌小学当过老师，户籍记载其生于民国 19 年，正是步高里建成那一年。此外，除了 1932 年短期居住过的巴金，步高里的知名住客还有学者、诗人胡怀琛，1934~1938 年居住于此，门号不可考；著名的英语教育家平海澜，孤岛时期至 1960 年居住于 194 号；著名的艺术家和艺术教育家张辰伯，1930~1935 年居住于 19 号二楼。[②]

最后，居民以江南籍贯为主体。尽管上海弄堂五方杂厝，海纳百川，但步高里的居民祖籍以江苏和浙江两省为主导，约占 72%，另有 6%左右来自上海，日常起居、语言、饮食等习俗上必然深深镌刻上江南的烙印。

---

①魏闽. 复兴“义品村”——上海历史街区整体性保护研究. 南京：东南大学出版社，2008. 62 页

②许洪新. 步高里的寻常与不寻常. 上海画报，2005（2）：22~25

2

新旧激荡

痕

上海早期里弄旧影

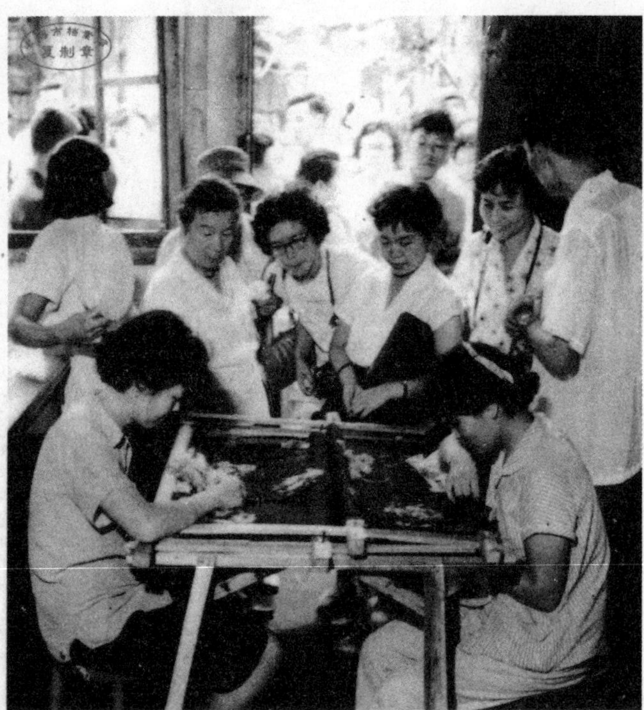

张家宅的妇女在绣花

在图纸、户籍等确凿的史料中寻找谜底的过程充满了乐趣。纵览前文，从设计图中，我们看到开发者所追求的经济与高效，看到设计师在兼顾美观与实用时的个性与技巧。从户籍中，又可推断居民在有限的政策和物质条件下，全力开发着空间的潜力。而对比今天的变化，可以发现，后世居住其中的人们也一直在努力做着这同一件事——在许可范围内争取生活空间的最大化与可用性。

揭开图纸、户籍的谜底，读出它们背后暗藏的内容，只是研究步高里生活空间的第一步。在纷繁的谜面（现实）与静默的谜底（档案史料）之间，还藏着许多的谜团。其中最吸引我们的是：里弄住宅从诞生到现在，在其生活空间中不断延续的究竟是什么？

半丝半缕的紧日子

上海是中国最为重要的工业与金融城市。解放后，如何接收、管理这个巨型城市，成为中国共产党执政面临的一个历史大课题。在解放初期各种条件制约下，霓虹灯下网罩着的是一个庞大得难以清点的里弄群，“马桶排队、煤炉接班、不见太阳”，大多属于烂摊子。上海又迫切需要建立充满现代化气息的、重塑工人阶级信念的新地标。它应具有十分明显的“示范”作用，把宣传意义上的“主人翁”地位落实为具体的生活空间。由于住房需求量大面广，而里弄的改造任务艰巨，在极为有限的资金条件下，旧区改造长期让位于工人新村建设。1951 年 9 月建设、1952 年 4 月竣工的曹杨一村成为了中国工人新村的策源地，一批劳动模范敲锣打鼓乔迁新居，“一人住新村，全厂都光荣”。而五方杂厝的万千条弄堂居于市中心，人口密集，成分复杂，整治难度巨大。

里弄在这一时期首先面对的是社会主义改造。人民政府着手采取各种适当方式处理外人占有的房地产，其中包括停止外商的代理经租业务和代理权以及财产债务的移转，这两项工作的对象名单里都有步高里的开发商中国建业地产公司。中国建业地产公司原本一直依靠着十余处自产的租金（包括步高里）和代客经租的管理费维持开支。1954 年 5 月，上海市人民政府宣布停止外商房地产公司代理、经租他人房地产之业务，共涉及外商 24 家。这些公司的经租房屋均移交市房地产经租公司继续代理经租，租金和管理费不变。[①]1956

①上海市黄浦区志编纂委员会编. 黄浦区志. 上海：上海社会科学院出版社，1996。第九编“房地产”之第二章“房地产产权变革”，第二节“外产处理”

年1月，上海市已完成全市全行业的公私合营，其中包括房地产业，这只是私营房地产业社会主义改造的第一阶段。当年9月，万国储蓄会由于积欠储户巨额存款，无法偿还，由其清理人中国建业公司代表范乃乐以万国及其两家子公司——中国建业地产公司和毕卡第地产公司的在华全部资产，交付上海市军事管制委员会接收，用以抵偿其部分债务，万国集团在华业务就此结束。① 1958年，政府以国家经租形式继续对私营房地产业进行第二阶段的社会主义改造。经过这一番改造，“步高里们”的所有权归属由私转公，其原来的商品属性被取消，市场机制被排除。在上海发展了近百年的房地产业基本停顿，取而代之的是社会主义计划经济体制下的房地产业经营管理、住房实行福利性的无偿分配和低租金制度。

计划经济时期，在观念和制度上把住房视为最基本的、应由政府予以无偿分配的生活资料，是与当时实行的单一公有制和“低工资”政策分不开的。公产房的房租性质是以租养房，取之于民，用之于民。但在很长一段时间里，拖欠房租是令房屋管理部门最为头疼的一件事。巧妇难为无米之炊，因大量危房待修，欠租、过低租金使修房、养房难以维持。根据《卢湾区房管局本区1974年大修、危改完成情况及解困、危房调配、交换等年报表》，当年上报36万平方米，318587平方米根据现场勘察是必须修理的。尚有41413平方米暂缓，到明年再修理。每年能修理的仅占上报的1/10，这中间除了维护人员配制问题外，首要的问题还是缺钱。②

步高里在20世纪七八十年代与其他里弄一样，因为缺钱而维修不足，且多数维修仍以“搭搭放放”争取面积为目的。1973年上海市房管局发表《关于公管房屋养护的指导方针（试行）》，提出适当改善居住条件的项目，方式包括利用阁楼、增配水斗、优化楼梯间、通过扩大门窗洞口和添加老虎窗改善采光和通风条件、重新分隔客堂间、沿马路里弄店面改装、调整极不合理的整幢平面布局等。改造方式花样繁多，如同螺蛳壳里做道场，可谓用心良苦。那些违章加建的房屋也因多年来的“既成事实”而获得了合法地位——事实上，它们已与“寄住”的“身体”完全相融了。在步高里1989年成为上海市文物保护

---

①《上海通志》编纂委员会编. 上海通志. 上海：上海人民出版社，上海社会科学院出版社，2005。第二十七卷“房地产”之第三章“房地产业”第一节私营房地产。范乃乐即前文提及的万国储蓄会创立者之一范诺（Rone Fano）。

②本街道卢房一所本季度打算、欠租分析、防汛防台工作报告、各居委危房调查及陕建扩建大食堂申请、批复. 上海卢湾区档案局：091-2-5, 1960，4-1960，9.

单位之前，为解决房荒而“增生”的房屋有很多，包括室内的加层、升高的阁楼、晒台的加建、天井的披屋。步高里小广场的水塔下建有一间平顶水泥抹面的小屋，与红墙坡顶的步高里形态很不协调，解放前是给扫弄工夫妇居住的。解放后水塔被拆除，小屋保留了下来，并且还拥有了自己的门牌号：9 甲号。再后来，甚至还获批加建一层，作为扫弄工儿子的婚房。诸如此类，都是彼时彼地，为改善人们居住条件，制度对现实生活的一种合理妥协。

带有扫弄工平房的小广场透视

勃艮第之城的转身

20 世纪 80 年代，上海的弄堂尚且漫漫如连天汪洋，是城市中壮观的景象。那些标准较高、风格独具特色的里弄，在长期的城市发展中积淀了重要的历史价值，逐渐在城市建设中得到关注。1983 年，有学者对上海里弄作了调查后认为：“上海市现存里弄住宅 2481 万平方米，占全城市住宅总面积的 57.4%。旧式里弄 1850 万平方米，新式里弄 433 万平方米。旧里中有 700~800 万具有代表性的价值，其余可以拆除，或经过适当的技术改造后，在一段时间作为过渡使用。"[①] 旧里的数量是新里的四倍多，近一半旧里具有保护和代表性的价值，这个预测在住房市场逐步完善和有购房能力者日渐增加的情况下，显然太过乐观了，但该文毕竟更为肯定地提出上海里弄的历史价值需要关注与保护。1985 年上海市人民政府发表《上海近代现代历史建筑调查方案》，[②] 通过搞好"两个文明"建设，近代建筑保护工作开启。关于上海近代建筑的保护提案虽然出现在 25 年前，但对上海近代建筑的研究工作从 1958 年编撰中国建筑三史（古代、近代史和建筑十年成就）即已开展，距今已经超过半个世纪。同济大学与上海民用建筑设计院领衔的专家，经过三年的努力，广泛征集素材，完成了以近代史为重点的上海建筑史初稿，在十年浩劫前留下了珍贵的、形式颇为复杂的各类史料。[③] 若没有这些长期的研究积累，《调查方案》中强调的"组织历史调查小组，顾及近现代各种类型的建筑，三个月内完成试点十五处"的要求很难快速地突破性实现。此外，保护近代建筑的提案得益于建筑界的老前辈汪定增先生。1982 年作为上海市人民代表，汪定增倡议进行上海近代历史建筑的普查。汪先生早年留学美国伊利诺伊大学，新中国成立后曾主持了中国第一个工人新村曹杨新村的规划设计；1955 年又负责上海虹口公园鲁迅纪念馆的方案。对近现代优秀历史建筑的关注展现了他"不追求时尚，不标新立异，而是立足于建筑创作的基本因素，即时代精神和地域文化"[④] 进行思考和研究的远见卓识。

究竟怎样评价里弄建筑这份遗作呢？国外建筑师、设计师、建筑历史工作者的陆续考察，更从外而内加深了人们对里弄建筑独有风格和个性的认识。经过一百多年的积累，很多欧美国家的文化遗产保护事业已具备了较强的法律体系支持。相比较而言，近代上海从起步到发展的历程不是很长，解放初期到 20 世纪 80 年代末，历史一直放慢脚步，等待我们一起去做一份认识传统文化与价值的工作，直到 90 年代初，它才开始不耐烦，加快了前进的步伐。可以说，上海的遗产保护起步并不算晚，且立足近代城市的实际情况，借鉴了国际上古迹保护理论演变的经验，[⑤] 将目光更多地投向近现代各类有价值的历史建筑（群），为保护赢得了机遇、争取了时间。1989 年在广泛征求意见的基础上，上海公布了

①徐景猷 颜望馥. 上海里弄住宅的历史发展和保留改造. 住宅科技，1983（6）
②上海近代现代历史建筑调查方案. 上海市档案馆：A22-3-255-1
③陈从周，章明. 上海近代建筑史稿. 上海：上海三联书店，1988：1-3
④张皆正，唐玉恩. 继承发展探索. 上海：上海科学技术出版社，2003.2 页
⑤1964 年的《威尼斯宪章》、1976 年的《内罗毕宪章》、1977 年的《马丘比丘宪章》、1987 年的《华盛顿宪章》均体现了国际上历史建筑保护的一个整体性演变认识过程。

59处在建筑类型、空间、形式和技术上有特色、有代表性的优秀近代建筑名单，步高里赫然名列其中。① 步高里在灿若群星的上海里弄中虽谈不上长期蛰伏，但也极少站到聚光灯下。在成为文物之前，上海里弄主要从做生活的表率入手，大力宣传社会主义制度的成就。里弄居民从一家一户的分散生活，到组织起来，集体生产、集体生活，这是一个伟大的变革，它们成为“幸福泉水万年长”的重要景观。一些重点示范性里弄如张家宅的日常空间，成为向世界展示红色中国和新上海的生活标本。相当长的一段时间，步高里可谓籍籍无名，留下的文字与图档史料甚少。而近年来，她在媒体上兀然崛起，成为了在近代建筑普查中被重新认识、重点关注的新地标。应该说，是优秀近代建筑所强调的历史、科学与艺术价值重新塑造了步高里的整体形象。名人的足迹也有效稳固了她的历史价值，1932年，巴金曾短暂居住在步高里52号，期间写下名篇《海底梦》，这成为后人引以为傲的一段佳话。② 这很容易让人联想起著名的“亭子间文学”。20世纪二三十年代囊中羞涩的文学青年常以亭子间为栖身之所，创造了独具特色的亭子间文学，形成了与法国大革命时期艺术家聚居相似的活动轨迹。只是巴金住的不是亭子间，而是客堂间。

步高里的声名鹊起同样得益于其所在的瑞金二路街道是上海重要的外事窗口。在2005年8月29日第233期《房地产时报》上，还有这样一段关于步高里的显赫履历：“20世纪70年代，柬埔寨西哈努克亲王曾走进步高里普通百姓的居所；2004年10月11日，仅在上海逗留一小时的法国总统夫人贝尔纳黛特·希拉克，特意到步高里参观，领略异国他乡的法国风情。”步高里在香港居民心中也颇为有名。许鞍华导演的电影《上海假期》、潘虹主演的《股疯》均选取步高里为主人公的生活场景，使得海内外观众都能通过大银幕一睹其风采，乃至产生兴趣寻机真正地踏进一座上海弄堂。传媒产生的放大效应，挖掘出了历史建筑的扩散潜能。1990年11月上海证券交易所正式成立，股市方兴，吸引了众多狂热的民众。家喻户晓的电影《股疯》拍摄于1994年，表现出商业大潮对普通民众的冲击，步高里是主要的取景地，牌楼上“步高里”三个字在片头以特写镜头出现，红漆楷书赫然

①1990年，上海市人民政府正式公布了上海市第一批共59处优秀近代建筑（1993年又增补为61处），截止2010年，全市共有632处，2138幢优秀历史建筑。

②巴金1981年在《个旧文艺》上发表了散文《我与个旧》，其间追述了在步高里生活的点滴往事：“这个朋友姓黄，就是从日本回来住在步高里的两个朋友中的一位，我还把他写进了《爱情三部曲》，给他起了另外一个名字：高志元……我在第四篇《回忆录》中讲过，我写《海底梦》时和那两位朋友同住在步高里。有空我也找黄谈谈‘砂丁’们的事情，他谈得不多，我也不曾记录下来，我年轻时候‘记性好’，因此养成了不记笔记的习惯。”

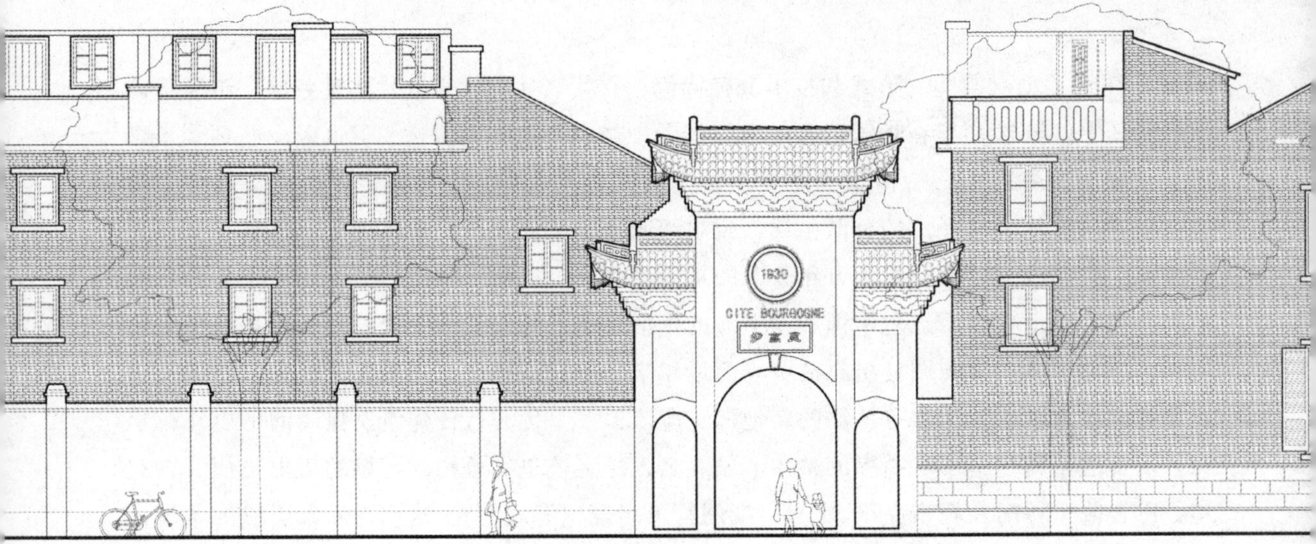

陕西南路立面

1997 年步高里景象

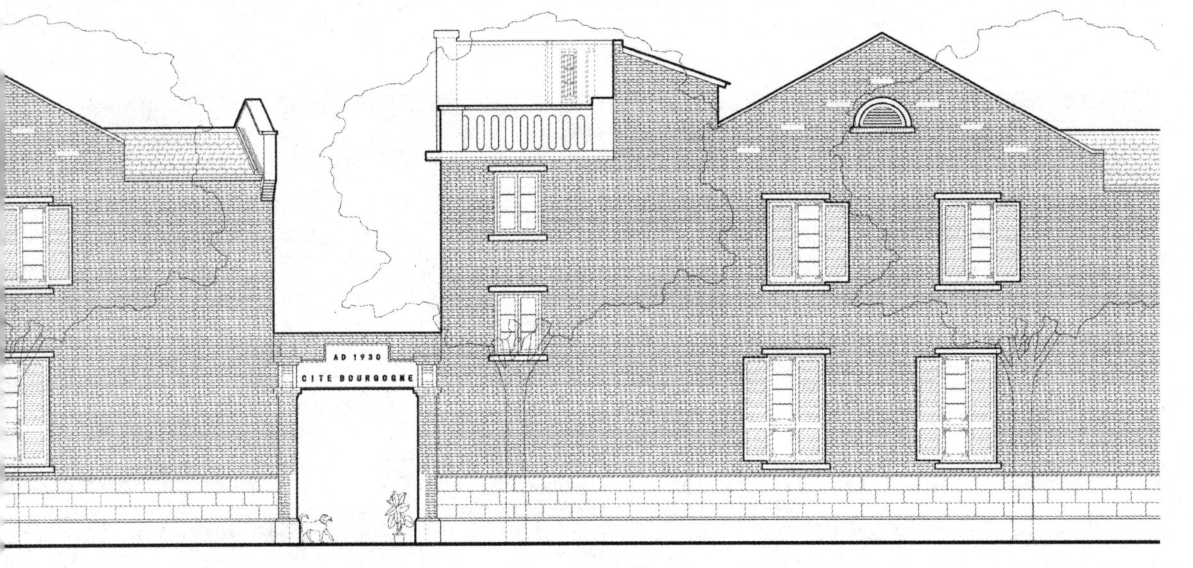

醒目。影片讲述了蜗居在石库门弄堂中的小人物汽车售票员阿莉，决心利用股市改变自己平淡生活的故事，她要在生活中寻找到可建设的美好未来。炒股集资关键时刻，阿莉叉腰站在粪车上，大叫："不是我们步高里的人，全滚开！"正是一幅原汁原味的上海市井生活写照。阿莉最终一展拳脚，搬离石库门，锣鼓喧天乔迁新居，奔向象征幸福生活的浦东广阔天地。影片结尾再次出现弄口那三个红色大字"步高里"——仿佛寓意人们常说的吉祥话儿步步高升、平步青云，也暗示着，离开石库门，就代表着"阿莉们"生活质量与个人身份的提升。

也许《股疯》真的就是一段新里程的发端。20 世纪 90 年代上海制造业的结构性转型引发了百万职工下岗，波及大量石库门里弄。与此同时，土地批租的土地制度改革极大拓宽了旧区改造的融资渠道。石库门住房建造年代久远，结构老化，设施很差，环境恶劣，急需改造。1996 年至 1997 年，黄浦区、卢湾区的旧式里弄面积减少都很明显。至 20 世纪末又迎来上海里弄生活转变的分水岭，住房改革有了实质性启动，人们开始关注商品房了，巨变对生活的冲击，贫富之间的碰撞落差每个人都会感同身受。在品相尚好的大规模石库门里弄被拆毁的时候，步高里见证了上海当代城市建设、日常生活演变、文化遗产保护崛起的历程。在漫长的演变中，人的生活总是第一位的，《股疯》之外，那些现实生活中继续居住在步高里、或者搬离步高里的人们生活得究竟怎样，我们将从个人生活史出发开始一段新的回忆之旅。

1994 年电影《股疯》

3

朱阿姨的故事

品

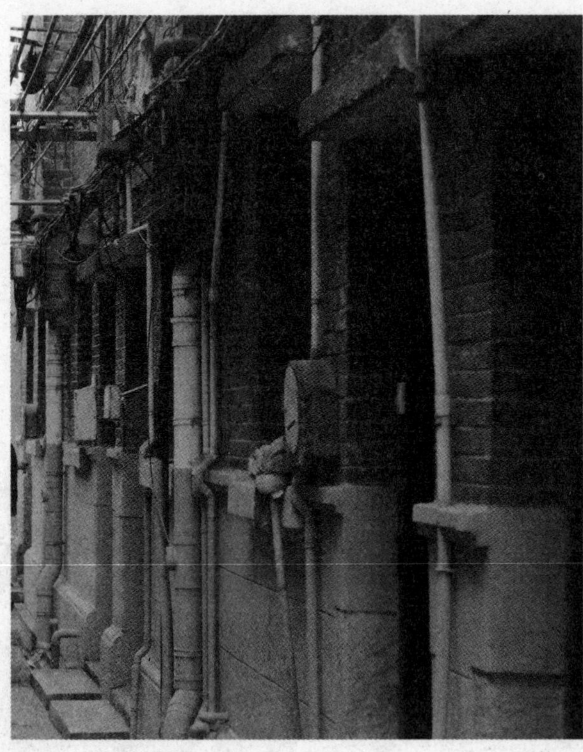

门

与前面想方设法、费尽周折让史料“说话”不同，这段生活史将由一位见证了步高里七十余年生命历程的“目击者”亲自为我们讲述，她就是步高里的原住民——朱莲娟阿姨。朱阿姨的故事由她的“生活史”和从中摘取的几个放大片段或场景构成，如同一个主干和几个分杈，从而形成一棵相对完整的步高里“生活空间”演变之树，从中将看到市民文化在某种程度上的具体体现。

民国25年（1936年）9月30日，这天正值农历八月十五中秋节，一个凌晨刚刚降生的女婴，让上海北郊嘉定县城北门的一户朱姓人家沉浸在一片喜悦的气氛中，以致祭月神、烧香斗、吃团圆饭等传统活动都成了配角。37岁的朱济均已经有了三个儿子，如今终于抱上了女儿，欣喜自不待言。他为她取了个秀气的名字——朱美娟，取意美若婵娟，应和如此良辰，最合适不过了。

而此时的上海滩，一片热闹繁华的背后，巨大阴影正在弥漫。

1932年的“一·二八事变”已给这个城市带来了巨大的灾难，加之当时资本主义世界的经济危机以及1934年的“白银风潮”的影响，市面萧条、金融呆滞、地价暴跌，空关房屋剧增，大量工人失业。事实上，近代上海发展的鼎盛时期至此已近尾声。纵观全国时局，日军虎视眈眈，国

住房分租小唱
（丹翁·《晶报》·1929年）
一楼一底石库门，
有时十户在里面，
替他们想想怎么住？
列个表览在下方：
楼上前房一户张，
楼上后房一户黄，
楼下前房一户唐，
楼下后房一户杨，
厨房改造一户庄，
梯半阁楼一户桑，
亭子间一户郎，
晒台改造一户孀。

20世纪30年代的上海

共分裂对峙，外忧内患，情势日峻，实已到了中华民族生死存亡的危急关头。不过于朱家而言，这一天他们实实在在地体会着祥和快乐，无心他顾。只是他们无法料到，这将是一家人在这老宅度过的最后一个中秋。

逃难

第二年7月7日,日军制造卢沟桥事变，抗日战争全面爆发。还在襁褓之中的朱美娟随同父母和三个哥哥，离别舒适的老宅，跟着滚滚的难民潮一路南行，进入尚且安稳的租界，住进了法租界亚尔培路287弄的步高里。父亲朱济均原就在弄口1号的“大和祥”南货店做“阿大先生”，① 经朋友介绍，就近租到了此弄内东北角8号底层灶间的一个小隔间，两下里方便照顾。新家只有7平方米左右，供6口人居住，其拥挤可想而知。此后的1939年和1941年，朱美娟又分别有了一个妹妹和一个弟弟，空间更是逼仄得转个身都困难了。

石库门里弄最初主要为一门一户而设计，可自诞生之初，就因人口膨胀，很快转变为多户合住的状态。上海的房荒主要是由大量难民涌入所致，并非缘于城市化、工业化形成的正常人口增长，它固然能够刺激城市经济的繁荣，却也带来了资源紧张、房租与物价暴涨等诸多负面效应。战乱使安全成为最大的稀缺品，于是在相对稳定的租界，住房奇货可居。人们只有一再打破原有的居住格局，借由各种改造搭建的手段，将里弄住宅的特点——低层高密度混合居住和土地与空间的高效利用发挥到极致。由于法租界相关资料的匮乏，这里仅举公共租界为例，可作参照。据公共租界工部局1937年的调查，租界内原本供一户人家居住的单幢房屋，每幢住4家的有22764家，住6家的14028家，住9家以上的1305家，最多的一幢房屋住了15家。

工部局调查居住状况委员会的报告称：“为使所住人数可以增加起见，原有里弄房屋几乎没有未经添改的，天井全行遮没，客堂隔成两部，其房留一行道，上搭阁楼，楼上分而为二，并于屋脊倾斜之处加搭阁楼两只，晒台亦经遮没改装为房间。这样，乃原供一家至多8人至9人居住的房屋，可以分租4~9家，或住15~20人，屋内居住面积增加50%。”② 从这

①旧上海称主营干菜、干果类商品的店家为“南货店”，开店者称“老板”。老板外出账房先生主管，俗称“阿大先生”。

②《上海通志》编纂委员会.上海通志.上海：上海人民出版社，上海社会科学院出版社，2005.第四十三卷“社会生活”之第三章“居所”第一节“住房”

里，我们看到了老百姓惊人的适应能力和里弄建筑空间改造的弹性与潜力。生活舒适度此时已成为普通百姓的一种奢侈追求了。对于朱济均一家人来说，现在能有一个落脚容身之所，已是幸事。房东姓袁，河北蓟县人，43 岁左右，待人和善。邻居 X 号主人姓范，是有钱人家，范太太处事低调，体恤弱邻，时常端来送往，对朱美娟等几个小孩子相当照顾。朱济均一家人在步高里重新过上了安稳日子。

然而，还不到一个月，“八一三”淞沪会战爆发，日军于 11 月 12 日占领上海华界，租界沦为“孤岛”。由于人口和资金的大量集中，“孤岛”时期租界的经济得到一定程度的复苏，尤以房地产业之畸形繁荣为甚，交易活跃，房租大涨。

烟纸店

1941 年 12 月 8 日，太平洋战争爆发，日军由苏州河各桥梁分路开进公共租界，“孤岛”时期结束。当时法国的维希政府已成纳粹德国的傀儡，鉴于此，日军没有进入法租界，但实际上已将之置于自己控制之下。1943 年，汪伪政权先后“收回”上海租界，但并不为国际社会承认。直至抗战胜利后，1945 年 11 月 24 日，国民政府外交部正式公布《接收租界及北平使馆办法》，上海市政当局才正式接收了公共租界和法租界，原租界所在地区直接并入上海市政府辖区。公共租界和法租界在 1943 年即已改了名，分别叫做上海特别市第一区和第八区。

同时改名的还有本故事的主人公朱美娟——在就读永嘉路小学时，她的名字改为了朱莲娟。可惜，只上了三年，她就因为家境贫困而辍学了。年幼的朱莲娟常听到大人们噶三胡①的时候提到“孤岛”、提到“汉奸”，但这些她都不懂，也不感兴趣，那些都是弄堂外面的大事体，她的小世界就是这个叫做步高里的弄堂。她每天帮妈妈看管弄口的小摊头，做点力所能及的家务，照顾两个阿弟阿妹。每到下午三点， 3 号、4 号面包房的香味就流溢在整条弄堂里，那金黄松软的食物吸引着小莲娟，但她只有坐在摊头边上吞口水的份儿。不过，能像哥哥们一样为家里帮忙出力，才是她目前最向往的。她的三个阿哥分别比她大 9 岁、7 岁和 2 岁，都是到十三四岁就出门学生意去了，上海话叫“做生意”，也叫“做艺徒”。大哥学的是照相，后来在西宝兴路天通庵路的棚户区租了间私房，兼作自营

①沪语，意即聊天。

的照相馆；二哥由亲戚介绍去了一家锁厂做学徒；三哥去了一家文具店。只是，尽管三个阿哥出去之后，家里的空间稍许宽舒了一点，家用上却因为物价的飞涨而并未减轻丝毫负担。

正午

上海战役打响前夕，“大和祥”的老板关了店铺仓皇离沪，据说是去了台湾。他见朱莲娟的父亲家小众多，生活艰难，临走留下一些柜台家什、瓶瓶罐罐给他。朱家就靠这些东西在步高里陕西南路上的主弄口搭棚子开了家小店，各种日用品——针头线脑、香烟、火烛、草纸、肥皂、灯泡、糖果，几乎无所不备，这就是上海俗称的“烟纸店”。这种店在当时的里弄非常普遍，一般都在弄口搭棚开设，位于居民进出必经之处。开门早，关门晚，通常夜晚有人住于店内，故打烊后若有急需还可敲门求购，十分便利。甚至有时候还可传话寄物，起到了类似传达室的作用。

在陈丹燕的《上海的风花雪月》中，对烟纸店有这样的描述：

常常在弄堂的出口，开着一家小烟纸店，小得不能让人置信的店面里，千丝万缕地陈放着各种日用品，小孩子吃的零食，老太太用的针线，本市邮政用的邮票，各种居家日子里容易突然告缺的东西，应有尽有，人们穿着家常的衣服鞋子，就可以跑出来买。

步高里这家烟纸店主要还是朱莲娟的母亲照看，朱莲娟则在弄内 38 号旁边另设一个香烟摊。晚上收了摊，朱莲娟就睡在小店里，既可应付居民不时之需，也给拥挤的家里腾出了一点床位。其实，解放初期，市府在有计划建设住宅、解决人民居住问题的同时，已开始结合房屋大修着手旧房改建，并对少数条件许可的旧房进行加层，扩大使用面积。但那时改建工程尚未形成规模，因此朱莲娟一家生活状况的窘迫并无太大改观。不过，睡在小店里虽然冬冷夏热、狭窄憋闷，却可获得片刻独立、私密的空间，于朱莲娟而言也算有失有得。

小店进货都是朱莲娟骑自行车去置办。顺昌路自忠路一带，沿街都是蜜饯批发的铺子，一瓮瓮地排在货架上，买家可以先尝后买，货比三家。那时这一片都是旧式里弄和棚户区，如今变成了上海最高档的住宅区之一——与闻名中外的“新天地”比邻的翠湖天地。草纸、肥皂之类则是从连云路的新城隍庙进货。这是租界华商因战事阻隔，不能进华界城隍庙烧香而集资新造的邑庙，仿照城里城隍庙格局，外设商场，于 1940 年建成。草纸进回来是四十刀一大捆，须得自行拆包分点，以一百张一小刀出售。母亲天天没事就来回清点，一是怕被工商局查出来短了张数，以坑骗顾客论处；二来主顾都是老邻居，万一有个差错，就算人家不计较，终归是难为情的。

这家朱氏烟纸店一直开到 1968 年，才因被合并入卢湾区烟糖公司而关闭，朱莲娟和母亲都成为公司的从业人员。小店最初在工商局注册时，所报人员为朱莲娟的父亲一人。1965 年父亲去世，母亲顶替上来，公私合并时又加了朱莲娟的名额。她们母女进入了隔壁陕西南路 271 弄的合作商店工作，母亲每月可领取 24 块钱的工资，朱莲娟也有 20 块左右。烟纸店的小棚子成为了烟糖公司的仓库，朱家得到 70 块钱的补偿。后来，小棚子又转给了卫生站管理，现在已改建为一间清扫工具间和一间倒便处。

一九五六

1956 年，步高里被收归国有，朱莲娟家的“房东”也由袁先生改成了卢湾区房地产经租所。此后，随着房地产管理制度的调整变迁，“房东”从区房地产公司、区房地产科到房地产管理所（简称“房管所”），一直在变，但不变的是房产的国有属性，这顶“公房”的帽子被戴上后就再也没被摘掉。

步高里更换了“主人”，朱莲娟家则添加了新成员，那就是她的丈夫郁阿生。

郁阿生是太仓人，生于 1933 年。他很早就到了上海学生意，曾在胜昌泰文具厂做工，1953 年由人介绍进了设在步高里 12 号和 1 号的八达仪器厂。之前，12 号是飞纶制线厂的车间；1 号的一楼原为“大和祥”南货店，二楼为飞纶的职工宿舍。“大和祥”关门后，一楼也归了飞纶。后来飞纶迁走，八达搬了进来。到 1958 年，3 号、4 号也归八达所有了。八达规模不小，总共有三四百名

1956 年风华正茂的朱莲娟夫妇

工人，生产各类文具、测量仪器、印刷滚轮，总厂位于复兴中路襄阳路口，步高里的只是分厂。12号一楼是车间，楼上就是宿舍。今天，12号前后墙上的车间大门早已封堵，只留下了门框的痕迹，告诉人们当年这里曾有大型机器出没。

郁朱二人于1956年5月22日登记结婚，因无钱操办，只是领了结婚证，未摆酒席。但无论如何结婚也需要一张床，这最小的私密空间急需落实，郁阿生请厂里打了证明，向房管部门递交了增配婚房的申请。批复需要时日，再和父母弟妹挤在8号的小隔间也不方便，他们只能暂时先在肇嘉浜路大木桥路附近的棚户区租房居住。那一带大都是穷苦人家，环境恶劣，民风倒还淳朴，夫妇俩去上班，门都不必锁——其实即使有小偷也没什么值钱东西可拿。晚上回家，房东已为他们将两个热水瓶都灌满了，马桶也是房东给倒的。当然，他们是要为此另给房东一点钱的。

1958年，增配婚房终于获批，是步高里51号四楼晒台上加建的小屋，原住户刚刚搬走。小屋大约11平方米有余，搭建简陋，隔热保温极差，夏热冬冷。更为不便的是没有上下水设施，只能依靠一只铅皮桶每天拎上拎下。此外，上厕所只能用马桶也是石库门里弄生活的一大问题。朱莲娟至今还记得那首弄堂歌谣：“大清呃早晨，大清呃早晨，我打开了大门，同志们! 大家出来倒马桶，还有两分钟，还有两只大马桶，哎呀哎呀——拎勿动!”[①] 软糯的沪语用轻松的语调唱出了生活的艰难。但是，比起8号拥挤的小隔间与棚户区脏乱的出租屋，这个小屋的居住条件已大为改善。住进去不久，步高里就统一安装了煤气，告别了煤球炉的日子令人如释重负，朱莲娟家的煤气灶就放在四楼门口，从此不必再被煤烟熏得涕泪横流了。夫妇俩的女儿此时已经一岁了，三口之家有了一个属于自己的天地，生活也算其乐融融。

1949年，全市人均居住面积3.9平方米，之后的很长一段时期，由于人口的迅速增长，尽管住宅建设不断发展，市区人均居住面积仍徘徊在4平方米左右。1980年初，市区人均住房面积2平方米以下的最困难户有6.93万户。1981年，市区人均住房面积，将阁楼、灶间、阳台等凡是能住人的面积全部统计在内，仅4.2平方米。90%左右的市民居住在60%左右的旧里、简屋棚户区内。[②] 解决居住困难户是城市建设工作的主要任务之一。新的人民政府开创的住房集中统一分配体制，在解决人民住房和为经济建设提供房源等方面，发挥了积极作

---

① “文革”前的上海里弄歌谣：卢克的博客。

② 《上海通志》编纂委员会编.上海通志.上海：上海人民出版社、上海社会科学院出版社，2005。第四十三卷“社会生活”之第三章“居所”第一节“住房”

用，积累了使有限房源尽可能发挥最大作用的经验。如调整办公生产用房，规定办公用房定额，处理空余房屋，规定分房条件和困难户标准，群众路线分房以及住房交换等等。但由于经济建设及各项事业的发展，各方需房甚急，房源缺口始终较大。面对络绎不绝的申请住房者，能够给予解决的百不得一，矛盾十分突出。因此，像朱莲娟这样的已经很幸运了。

跃进

解放后，党号召广大妇女走出家庭，“为社会主义添砖加瓦”。扫盲与业余学习成为推动妇女融入新社会的重要一步。妇女文化素质的提高为她们迈向单位、积极就业奠定了基础条件。

自 1951 年起，在上海市民主妇女联合会的大力推动下，以居民委员会为单位，各里弄都举办了家庭妇女识字班、读报组、文化晚班等学习班。只念了三年小学的朱莲娟也积极主动地参加了家庭妇女识字班的学习，在 1958 年底工作以后，她还报读了职工业余夜校。这些学习经历，开阔了她的眼界，改变了她的思想观念，也在一定程度上也影响了她的人生轨迹。没有这个时期的基础铺垫，后来进工厂受到重用并成为中共党员，以及退休之后成为社区骨干等，对她来说都是不可想象的。

1958 年是新中国第二个“五年计划”的开始，上海工业进入了全面“大跃进”时期。上海也将从历史上长期以轻纺工业为主的城市，一跃成为一个以重工业为主的现代工业都市。政府号召全民支援重工业发展，户籍警前来朱家的烟纸店询问朱莲娟是否愿意进工厂工作，朱莲娟欣然应征。是年 11 月，朱莲娟进入了中一拉丝模厂①，只在闲时帮母亲打理一下家务和生意。朱莲娟 1958 年便在社区里入了团，到了厂里愈发勤恳上进，很快当上了生产小组长和宣传员。八达仪器厂等属于轻工业的小厂参加了公私合营，撤出了步高里，郁阿生等 10 名职工被选送进了上海电焊机厂②。夫妇二人成为大型工厂的国家职工之

---

①中一拉丝模厂创于 1951 年，公私合营时并入 11 家小作坊。1966 年改名上海拉丝模厂。1990 年合资，改名上海斯米克拉丝模有限公司，其搞活企业的探索获得巨大成功，被称为“斯米克现象”。1994 年改名上上海斯米克金刚石工模具有限公司。

②上海电焊机厂现坐落于控江路 1515 号。前身是三联电机厂，由上海安全电机厂、兴业电机厂和联合电机厂于 1951 年 1 月合并而成。1953 年 9 月，改名为上海电焊机厂，是中国建厂最早，也是规模最大的电焊设备专业生产厂，机电部骨干企业。《上海机电工业志》编纂委员会编.上海机电工业志.上海：上海社会科学院出版社，1996:323

后，月工资加起来100多块，家庭的物质生活质量得到了提高。那时的吃穿住的费用还不算不高，每月最大的一笔开销是郁阿生寄给太仓姐姐的10块钱。姐夫去世早，两个外甥读书都是郁阿生资助的，朱莲娟对此从不计较。

1963年左右的全家福

每天，朱莲娟都到步高里小广场东北角5号的老虎灶去泡开水。老虎灶是一种江浙一带特有的专门供应居民开水、喝茶的地方。虽然20世纪50年代末步高里就安装了管道煤气，但因为一次要交纳40元高昂的安装费，很多居民宁愿选择廉价的煤球炉，煤气尚未普及，步高里的老虎灶依然是里弄人家不可或缺的依靠，“揩面”、“汏浴”、“吃茶水”，哪样都离不开它。朱莲娟还常去建国路上的洗衣服务站寄洗衣物——这也是1958年政府组织家庭妇女兴办的。其他各类家务劳动服务站还包括缝纫、编结等数十项，这是那时人民公社化运动的一部分。洗一件衣服3分，长裤5分，被单5分，还有补衣服的。这些日常生活设施令朱莲娟在忙碌的生活中可以稍微喘口气，但这笔费用对于当时的大部分普通民众来说，仍然是不舍得随便掏的。

由于“大跃进”等一系列政策的失误，加之严重的自然灾害，中国经历了“三年困难时期”。1961年6月28日，中共中央做出《关于精简职工工作若干问题的决定》，全国各地开始精简职工。到1963年，上海市共精简城镇人口52万余人。① 朱莲娟所在的拉丝模厂并没有为此作动员，但郁阿生是党员，认为自己一人工资足用，应该积极为国家减少负担。于是，在丈夫的动员下，朱莲娟主动申请辞职，于1961年6月离开了中一拉丝模厂。那时她已身怀六甲，辞职两个月之后，她的小女儿就降生了。身体恢复后，闲不住的朱莲娟进入了陕建居委会工作。

在居委会，朱莲娟曾经负责过52号里弄图书馆的管理工作。后来担任了团支部书记，

①《上海计划志》编纂委员会编. 上海计划志. 上海：上海社会科学院出版社，2001。“大事记”

每月领取 18 元的津贴，主要负责社会青年工作——对社区里那些因为各种原因待业在家的青年进行管理和教育，组织他们参加义务劳动、出板报等各类社区工作，或者一起出游、打乒乓、溜冰等。当时，对于社会上存在的大量“无组织”的“非单位”居民，居委会不仅是个管理组织，更是一个政治组织，对稳定社会秩序有相当大的作用。

1964 年 3 月 8 日，朱莲娟搬到了 16 号的三楼亭子间，面积与 51 号的四楼小屋相当。尽管此时朱莲娟家已是四口人，但是毕竟下有合用厨房、上有自用晒台，生活空间的品质还是大有改观的。

16 号原为一家里弄工厂，老板姓荣。1956 年参与公私合营后，因种种原因，家境日渐艰难。因付不出房租，房管部门将三楼亭子间收回空关，朱莲娟这才有了一个就近换房的机会。先前她曾申请换房，想将 8 号一并计入，换一套大的房子，但最终没有找到合适的房源。这次申请中，她诉称母亲在弄口所开的小店需要就近照顾。朱莲娟的大女儿此前因 51 号楼梯太陡，曾失足跌落，伤及额角，缝了 4 针，这也成为她申诉中的一条重要理由。房管部门派人来了解之后，很快批复，准予换房。过程之顺利令人意外，但其实也在情理之中。那一条条一排排的石库门背后始终有些可以调配的房屋，只是一般人难以轻易获取。朱莲娟曾于居委会工作，与物业管理处的人大多相熟，她这次能如愿以偿，很大程度上得益于这种在弄堂中点滴累积而成的熟人关系。这次迁居也促成了日后朱莲娟的大女儿与荣家小儿子的一桩亲事。母女两代人都与同一条弄堂的邻居喜结良缘，足见里弄空间在拉近人们的距离方面，确实比当今的现代化小区更加直接和有效。前者直接以生活空间中频繁而实在的接触、交流为渠道，而后者那少之又少的邻里交往则往往开展在社区网站上或小区活动场地中，一旦离开该媒介，则各自关门闭户，自成天地而互无听闻。像这样与邻家隔壁相识相知终成眷属的故事，在今天的公寓大楼中，恐怕发生几率不会很高。

量具刃具厂

1965 年夏天，朱莲娟的父亲因脑溢血去世。这时，朱莲娟还在居委会工作，正忙着动员、安排最后一批知识青年支援新疆建设的事宜。而那时，同在居委会的几个小姐妹已经由组织上照顾进了工厂，或者进了街道办的生产组。眼见自己岁数不小，仍无正式工作，朱莲娟有点着急。毕竟工厂的待遇比居委会还是要好一点。她去找了居委会领导，说如果再不让她出去工作，年纪越来越大，人家恐怕就不要了。领导许诺，等这一轮的赴疆工作处理结束就让她走。11月，朱莲娟终于盼来了街道的通知，让她去量具刃具厂上班。当时已有两名步高里的家庭妇女去了，派在车间里干活。朱莲娟则被安排做成品检验员——这是生产流程里的最后一道工序，需要各方面素质好一点的。刚进厂还只是临时工，要通过考察。朱莲娟手脚快，做事干净利索，赢得了众口称赞。那时，"文革"已经开始。车间的领导也常常遭到造反派的批斗。朱莲娟他们几个临时工一门心思低头干活，只求安然度过考察期，不要出什么岔子。一年后，朱莲娟顺利转为了正式工，工资也从30几块涨到40几块。由于她优秀上进、表现突出，很快成为车间的骨干，评先进、获奖状成为家常便饭。1973年，已是车间工会委员、厂部女工委副主任的朱莲娟加入了中国共产党。

说来极为不易的是，在朱莲娟退休前这二十年的大部分时间里，屋里屋外的一切家务都是她一个人操持的，丈夫郁阿生在1968年便离开步高里，只身奔赴安徽宁国支援"小三线"建设了。

1964年秋，上海按国家的决策和计划，开始实施向内地搬迁军工、基础工业企业和短线产品生产企业。1965年，开始筹建"小三线"建设。皖南地区距沪约500公里，非常符合三线企业选址"分散、靠山、隐蔽"的方针，因此成为上海"小三线"建设的重点地区。从1965年起，上海相继在芜湖、池州、徽州地区兴建了80个"小三线"企事业单位，仅在宁国县就总共设立了15个企事业单位。其中，上海鼓风机厂和郁阿生所在的上海电焊机厂于1965年在宁国包建协同机械厂，代号9337工厂，生产四〇火箭筒。①

郁阿生是老党员，在电焊机厂时便是车间主任，"文革"中间也曾受到批斗，到了宁国也算是避过了风浪，后被选任为总装车间主任。由于要经常在沪皖两地联络走动，郁阿生常常隔几个月便可以回步高里住上两个礼拜，团聚的时光总是充满了欢声笑语。他每月70多元的工资中，有40元会寄回步高里，但朱莲娟时而还是会为了女儿的学费或是生活费向小姐妹、组织上借取。令她欣慰的是，女儿都很乖巧懂事，日子也还算过得平稳。

关于8号和16号

1986年，朱莲娟85岁的母亲病故。此后，朱莲娟三哥的儿子住进了8号的小隔间，

①段伟. 安徽宁国"小三线"企业改造与地方经济腾飞. 当代中国史研究，2009,16（3）：85~91

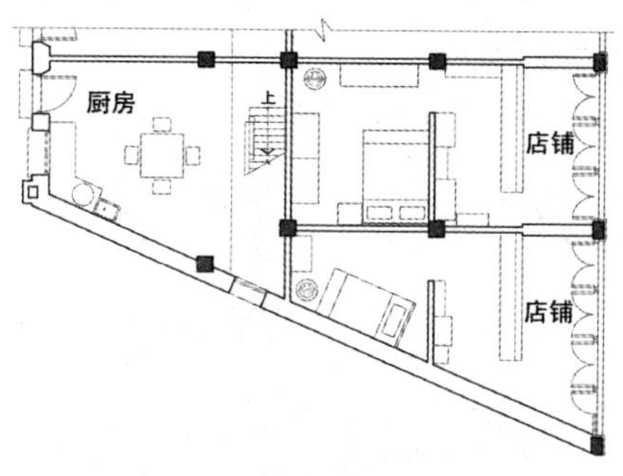

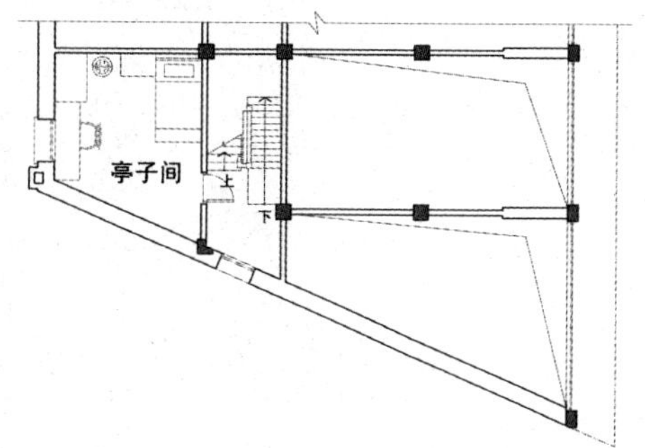

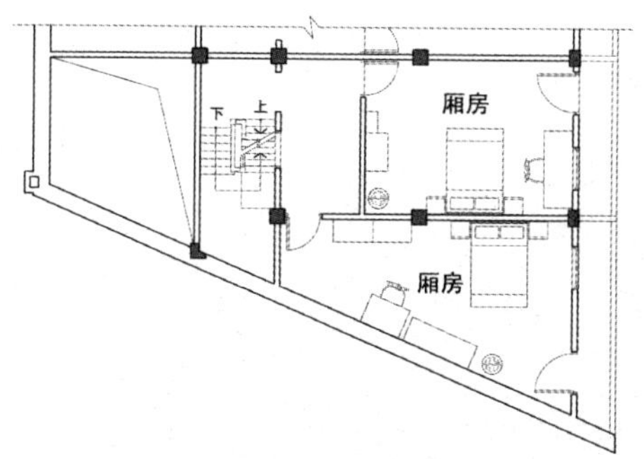

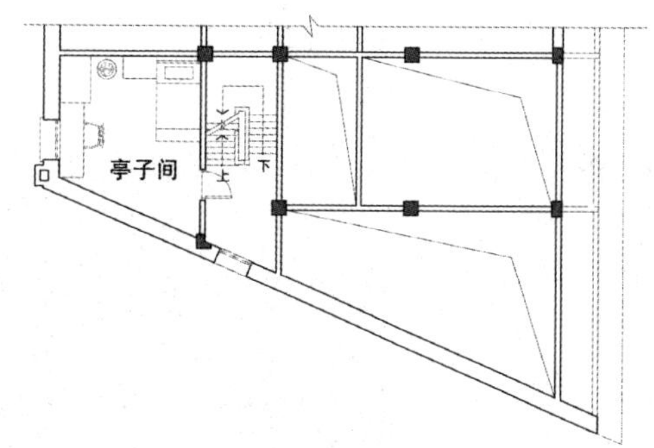

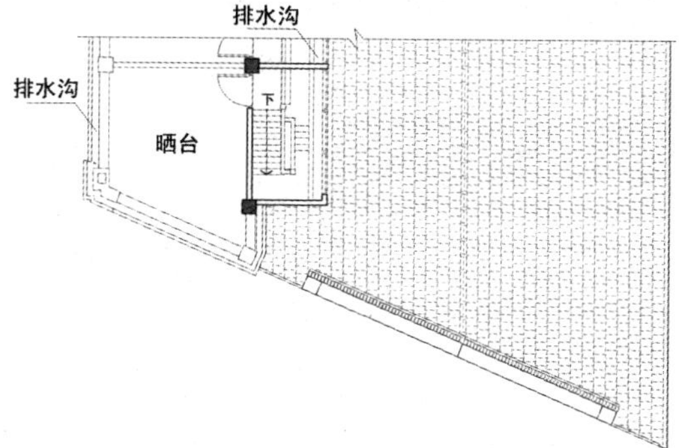

8、9号位置图

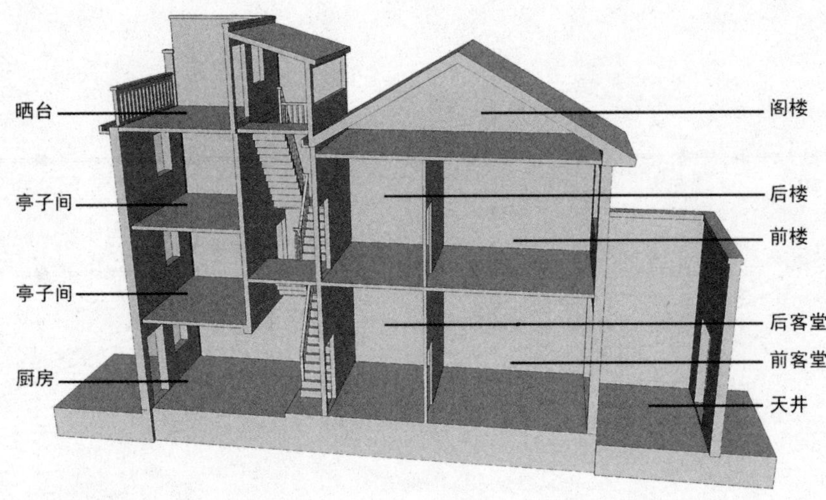

16 号原状

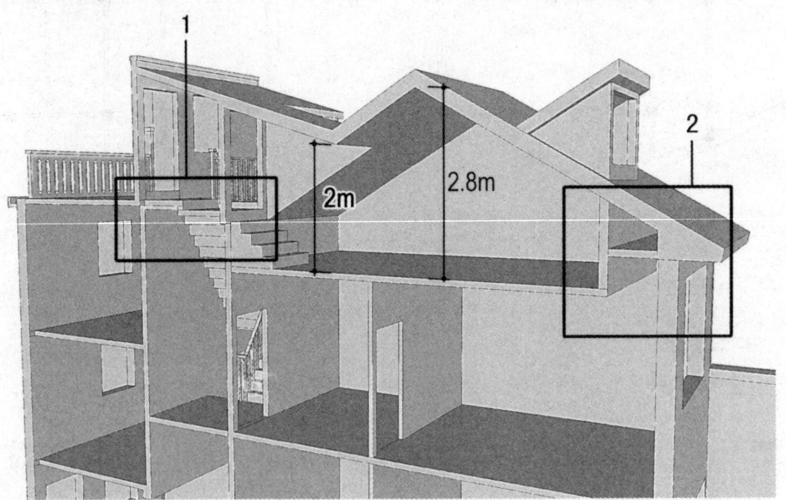

1. 为保证门洞高度（约1.75m），此处平台从中间降下一级（约175mm）。
2. 阁楼的楼板降低约0.5m，到前楼南墙处为避让窗洞而向上折，形成一个凹槽。

16 号 1985 年改造部位详解

到结婚后才搬走，自此小隔间便一直空关着。三哥很早就离了婚，这个孩子是朱莲娟的老母亲一手带大的。他在此生活多年，媳妇的户口也在8号并未迁走，因此这个隔间也就被大家视作是他所有了。他曾问朱莲娟要不要住，朱莲娟既嫌8号地处角落，阴暗偏僻，也不想被人说她"揩油"，便婉言谢绝了。但是她告诉侄儿，假如小姑妈——她武汉的妹妹回来，可能需要借住的。这个妹妹也已离婚，有两个儿子。母子三人来上海探过亲，她和老姐姐睡一张床，让姐夫郁阿生睡地铺，儿子们住在步高里对面的小旅馆，诸多不便。朱莲娟寻思，要是妹妹有长期回上海的打算，就让侄儿把8号打扫干净给她住，在那里，自己烧饭或来16号同吃，都是方便的。至今8号依然是朱莲娟的一块"自留地"，闲置多年，成为被房管所遗忘的角落。

1985年11月，28岁的大女儿与青梅竹马的荣家小儿子喜结连理，与当年朱莲娟结婚时的简朴低调不同，女儿举办了像样的婚宴，地点就在新郎工作的大同酒家。大同酒家是淮海路上有名的粤菜馆，有四五十年历史了，能在这里办酒席结婚，朱莲娟一家都觉得脸上有光。不过在住房上，两代人的情况还是一样的——大女儿也向房管所申请了增配婚房。但她是早在一两年前，领结婚证后就打了报告送了礼的，因此这次办了酒席没多久，批复就下来了。在入住婚房前，新媳妇就只能先委屈一下，跟丈夫借住在大舅子夫妇所住前楼的后隔间，那里狭小阴暗，没有通风和采光，白天都必须开灯。

这次批复的所谓"增配婚房"其实是对前楼的改建加层，而非另配现房。白天施工时，前楼两对夫妇用床单把房内家什都盖起来，晚上再拉开床单睡觉。房管所派来的工人将前楼顶棚降低，架在新增的钢梁上面。因南窗比较高，为避开窗框，新的顶棚在靠近南墙处向上折，因此沿墙角留下一道45厘米宽的凹槽，刚好可以晾晾衣服。顶棚降低，阁楼空间就加高了。工人在楼梯间顶层南墙加盖了通往阁楼的出入口，又在主屋面南坡开了个老虎窗。这样，一个原本老鼠横行的低矮阁楼，变成了能住人的新房间。这就是步高里普遍存在的"假三层"的做法，即通过内部改造，使房屋实际上获得三层的使用面积，但外部仍大致保持两层楼的原貌。只是，屋面的保温隔热性能较差，冬冷夏热的，一如当年51号的四楼，但毕竟房卡上的面积足足增加了19平方米呢。

第二年5月，大女儿为朱莲娟生了个胖外孙，郁阿生也从宁国回到了步高里，家里一下子热闹起来。1984年8月，全国"小三线"工作会议确定了"小三线"调整的方针、政策。1985年4日，国务院批准了《关于上海皖南"小三线"调整和交接的协议》，上海在

“小三线”的企业财产全部无偿移交给安徽。① 上海在皖、浙两地的54个小三线企业、6万名职工开始分批返沪。郁阿生还算是较早回城的，回来后因故不允许在上海市区工作，调到了闵行的上海重型机器厂。

童心未泯的窗台

1987年，小女儿出嫁，搬出步高里，住到了丈夫家，斜土路棚户区自己加盖的一个三层阁楼。第二年，朱莲娟有了一个小外孙女。小女儿一家在斜土路住了十年，终于盼来了动迁，搬到了梅陇。又过了六七年，又在西藏南路斜土路买了套商品房，生活日益改善。而大女儿一家还是和朱莲娟一起住在步高里16号，期盼着拆迁的到来。

挂着塑料娃娃的窗户就是16号朱阿姨住的亭子间

1986年，上海被列为第二批国家历史文化名城之一。1989年，上海市公布第一批优秀近代建筑，同时也是第五批市级文物保护单位，六十高龄的步高里位列其一。这一新的社会身份的确立，意味着步高里从此被纳入了文物保护法规的监管范围，连普通的改造维修都将被严格控制，更别说拆掉它了。眼见动迁希望落空，居民们自然心生抱怨。不过意见最多的还是中青年人，朱莲娟等一些老住户倒并不太往心里去。尽管也觉得房间太挤、厨房太暗、倒马桶太不方便，但他们对这里的一砖一瓦都无比熟悉，也习惯了周边便捷的购物医疗条件，更难舍那些几十年的老邻居。不过，这些年来，不少老邻居也陆续搬离了步高里，大多数是自己买了房子的，也有离休干部单位分房的，弄堂里的关系网络日渐松散，朱莲娟也开始考虑到更开阔的地方去寻找夕阳晚景。

大忙人

20世纪90年代前，朱莲娟曾经有五六年的打工经历，收入增加不少，回归步高里后，

① 《上海轻工业志》编纂委员会编.上海轻工业志.上海:上海社会科学院出版社，1996.第一编“行业”之第二十章“军工”第一节“小三线”建设

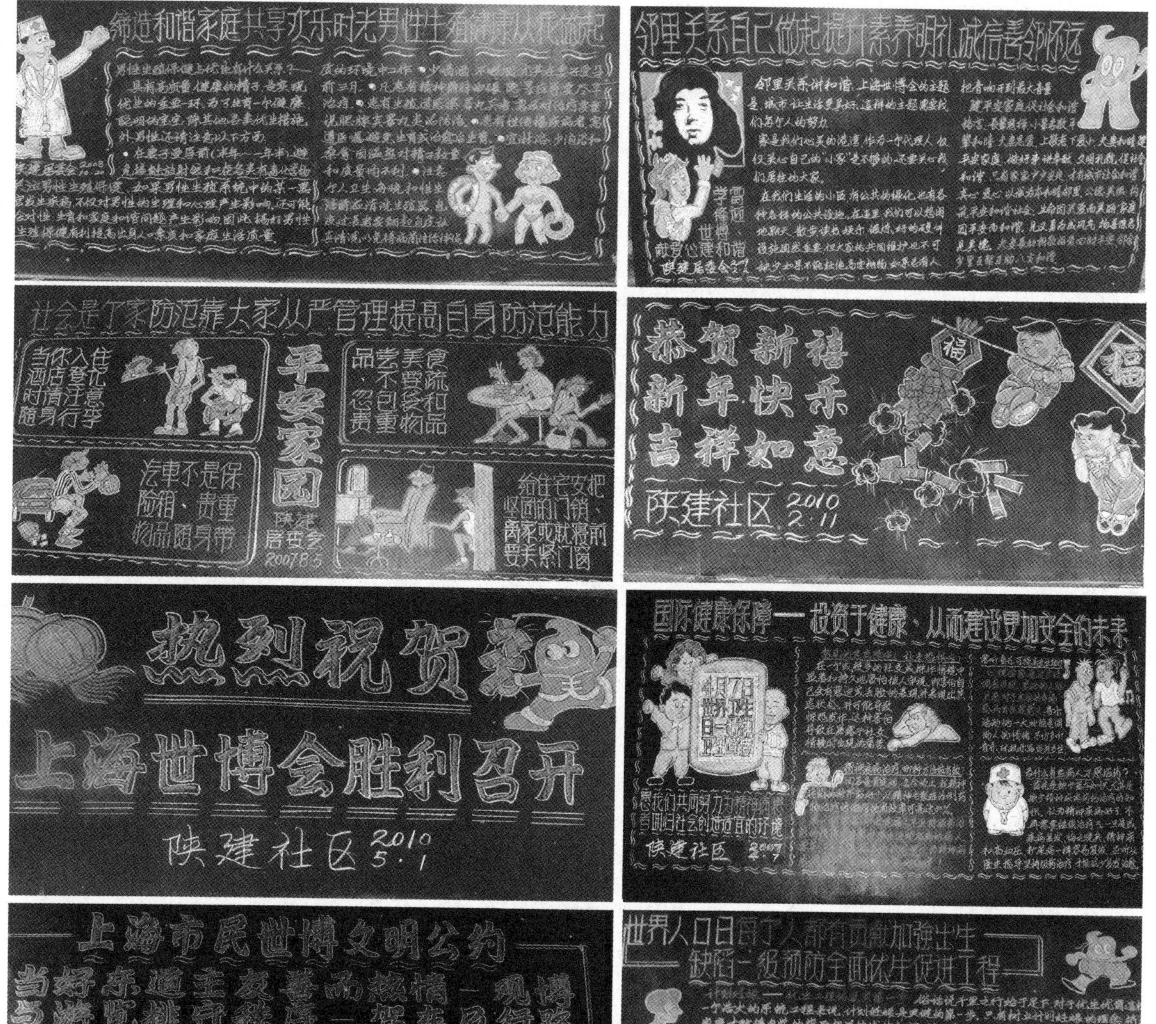
缔造和谐家庭共享欢乐时光男性生殖健康从我做起
邻里关系自己做起提升素养明礼诚信善邻怀远
社会是个家防范靠大家从严管理提高自身防范能力
当你入住酒店登记时请注意随身行李
品尝美食不要疏忽包袋和贵重物品
平安家园
汽车不是保险箱、贵重物品随身带
给住宅安把坚固的门销、离家或就寝前要关紧门窗
陕建居委会 2007.8.5
恭贺新禧
新年快乐
吉祥如意
福
陕建社区 2010 2·11
热烈祝贺
上海世博会胜利召开
陕建社区 2010 5·1
国际健康保障——投资于健康、从而建设更加安全的未来
上海市民世博文明公约
陕建社区 2010.4.9
世界人口日每个人都有贡献加强出生缺陷三级预防全面优生促进工程

小八腊子的黑板报

朱莲娟的生活并非从此就围着锅台转了。有着二十多年党龄和丰富的组织生活经验的她，积极参与居委与街道的各种事务，成为了社区工作与活动团队的骨干。

人间重晚情

2004 年 5 月 31 日，卢湾区瑞金二路街道老年协会成立。由每个居委推荐 5 个人，16 个居委共 80 人成为老年协会委员。时任居委会党小组长、支部委员、总支委员的朱莲娟被推荐担任老年协会陕建社区的组长，后又兼任永嘉、建德、瑞雪、陕建四个组的块长，级别仅次于协会的理事。每周二下午两点到四点，朱莲娟要在成都路 135 弄 5 号的协会办公室值班。每个月，朱莲娟还要参加协会的例会。2006 年 6 月，卢湾区全民健身领导小组办公室为表彰朱莲娟于 2002~2006 年度在组织、指导卢湾区群众体育活动中的突出表现，授予她“卢湾区优秀社会体育指导员”的称号。2007 年 1 月，卢湾区瑞金二路街道老年协会为表彰朱莲娟在 2006 年为老服务工作中的显著成绩，向她颁发了优秀志愿者证书。

除了繁忙的社区事务，朱莲娟还参加了各种老年学习班，努力使自己的生活过得多姿多彩。每周一至周五上午，她会去瑞雪社区老年活动室参加健身操班。每周二的上午在瑞金二路街道活动中心的歌咏班学习唱歌。作为文艺积极分子，她还是社区老年健身队、戏曲班、歌咏班的成员。朱莲娟的日常生活大致分成两部分，柴米油盐的家居生活发生在步高里，老年朋友圈子在瑞金街道。退休老人与原单位的关系疏远了，但作为街道里的居民，组织上必须关心他们的生活，这就需要“街居制”发挥作用。对街道和居委会来说，如果要使自己的工作能够贯彻下去，就需尽可能地建立起一个居民积极分子的参与网络。朱莲娟个人的日常活动投射出瑞金社区和谐发展的目标，与居委会日常帮困解忧、信息传达的基本功能相辅相成，互为补充，这在后面的居委会一节中还将阐述。莫道桑榆晚，微霞尚满天，在石库门里弄局促的天井、狭长的弄道里，朱莲娟的世界总能展现出一方明净的蓝天。

4

一部家庭档案

足下

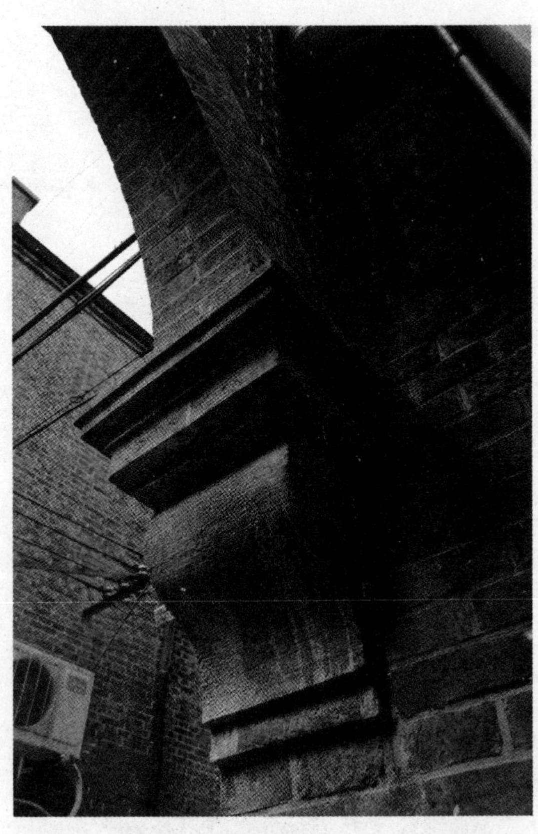

托

一个微笑，一种对视，加上一颗足够真诚的心，就能在交往中创造出最简单、最真挚的快乐。我们就这样很容易地结识了杜阿姨与徐老伯一家，翻开了一份极具分量的步高里家庭档案。

炎夏三四时许的阳光黄黄地照耀在弄堂里，推开虚掩的黑漆大门，丝丝清凉的穿堂风掠过发梢，映入眼帘的是一幅恬淡的景象。一对清癯瘦小的老夫妻，都穿着浅白色的褂子，皮肤透着一种光泽。老伯坐在临窗的沙发上，老太靠在旁边的扶手椅里，两人交叉着将双脚搁到对方的座位角，膝盖顶着膝盖，正在静静地玩翻纸牌。这是一间再普通不过的客堂间，天棚正中有一盏老式的吊扇在不紧不慢地转动，周遭清凉明净，一尘不染。室内一分为二，后部隔出一间卧室，紫红色的大床对面立着液晶电视，旁边还有一口樟木箱。靠着卧室的走道边是碗橱，棕红的漆面发出暗哑的微光，搁在这里而不是公用的厨房中，显然更干净、安全，也体现出女主人对这件家具的珍爱。剩下的空间不大，但并不局促，中央摆放着红木的八仙桌和两个红木圆凳，桌围全是细木工的雕花。下午四点钟的光景，毛豆炒丝瓜、红烧烤麸还有两碗凉粥已端放在桌子上。客堂间正中又是一个平板彩电，始终开着，唱着依依呀呀的沪剧，声音不大。偶尔伴随着几声清脆的鸟鸣，天井墙壁上有吊钩，晾晒的一排衣服里探出一只鸟笼，那只浅黄色的小鸟有好听的名字——芙蓉。

从 1950 年起，徐老伯和杜阿姨就生活在这套房子里，整整一个甲子。如今我们打去电话，他们常挂在嘴边的话是：“你们来吧，我们不出去，就在家里”。白驹过隙，往事并不如烟，让人不能不感慨有陪伴的老宅温暖而精彩，有老宅陪伴的人生深邃而宽容，一种浓浓的温情体现在数十年的相濡以沫中，渗透在一份家庭的成长历史里。

1944 年徐镜堃、杜翠玲的订婚照

顶下自己的房子

1944 年，19 岁的上虞姑娘杜翠玲与 22 岁的余姚小伙徐镜堃在梅陇镇的龙凤厅订婚了。两个羞涩的年轻人远远地隔着丝绒长条案几，在证婚人、杜翠玲的父亲、徐镜堃的长兄还有邻居、亲戚的环绕下，花团锦簇地开始了新生活。男方在日本商行当差，女孩才从乡下到上海不久。起初他们借住在凤阳路100弄4号的老式石库门房子中，“七十二家房客”的环境十分嘈杂。1949年历史翻开新的一页，当徐镜堃5月27日早上走出弄堂时，绝对没有准备好接受这样一种震撼：解放军在商铺外冰冷的水泥路面上席地而卧、并排而坐，连弄堂都不碰，彼此也不讲话，严明的纪律令夫妻二人分明感受到了“兵”与“痞”的区别，他们心中充满了对新中国的美好期待。就在1949年，夫妻俩迎来了生命中第一个孩子徐庆，意为欢庆胜利的意思；等到1950年又一个漂亮的女儿徐瑾降生，妻子温婉如玉、女儿娇嫩如花，小家庭对新生活的向往愈发澎湃起来。20世纪50年代初的步高里周围尚是墙小树新，环境有些冷僻但也比较安全，弄内进进出出的职员家庭人丁兴旺，一到晚上很热闹。徐先生的姐姐和哥哥分别住在步高里的47号和30号，1950年9月，徐先生一家也租住进了步高里J号。此前，他们夫妻也去过建国西路的建业里，低矮的顶棚与步高里宽敞明亮的空间不太好比，就更加认准要与哥哥、姐姐同住一弄了。步高里的原住户之间有不少并非陌路平生的自由结合，其形成的关系圈不只是同住一弄这么简单，俗谚“远亲不如近邻”在步高里是不适用的。这里许多老住户之间都既是近邻也是近亲，有的如徐先生“因亲而邻”，有的如朱娟莲及她的大女儿“因邻而亲”，形成了一种牢固的看不见的网络。

徐先生是从二房东亚洲银行的钟姓襄理手里租赁的房屋，大房东是法商中国建业地产公司。租赁合同由分租人、承租人、见证人和保证人四方共同订立，“无保人者恐欠租而不租”是当时的惯例。首先确定了出租的范围：统客堂连阁楼及灶间一小间分租。统客堂包括了天井和客堂间，灶间一小间紧挨着楼梯间，用联立的木板勾出了边界，阁楼很低，但可摆放两张大床，租赁范围的地点、地段清晰，合中有分，保证了租赁户使用权的独立性。

每月租金为8个折实单位——1949年6月上海市开始实行以实物为基础的“折实单位”办法。对比中国第一个工人新村曹杨新村，1952年新村的租赁标准是一大一中间，及一大一小间均为9个折实单位，[①] 独立的卫生间和合用的厨房并未列入租赁的折实单位中。这么看来，徐老伯这个客堂间的租赁价格不便宜。钟襄理夫妻二人租住在前楼和三楼的亭子间，将后楼和客堂间均租了出去，整幢租金大约是10元，而徐老伯家和后楼各8个折实

①上海市人民政府关于曹杨新村核定租金标准的指示。上海市档案馆：B1-2-1402-20

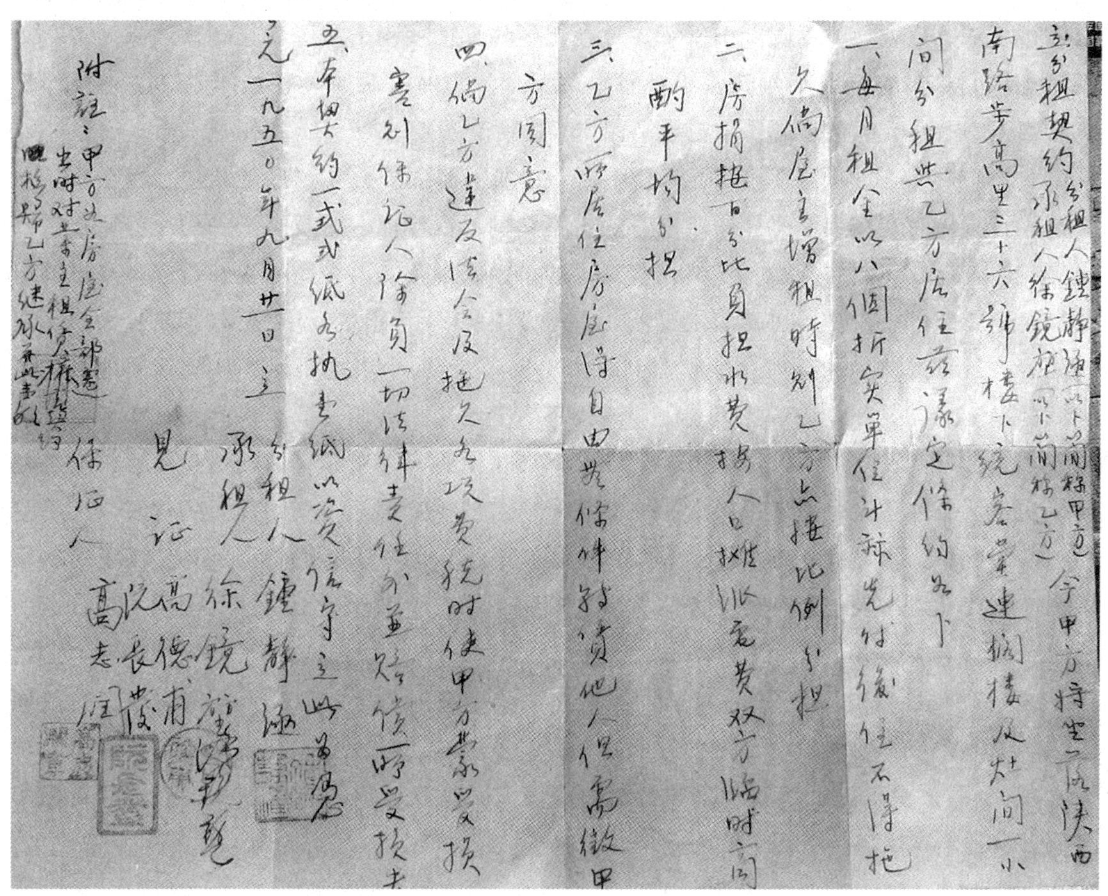

立分租契约分租人锺静涵（以下简称甲方）承租人徐镜龙（以下简称乙方）今甲方将坐落陕西南路步高里三十六号楼下统客堂连厢楼及灶间一小间分租与乙方居住兹议定条约如下

一、每月租金以八個折实单位计算先付后住不得拖欠倘房主增租时则乙方照比例分担

二、房捐按百分比负担水费按人口摊派电费双方临时商酌平均分担

三、乙方所居住房屋得自由装修惟转赁他人住需征甲方同意

四、倘乙方违反法令及拖欠各项费统时使甲方蒙受损害则保证人除负一切法律责任外并赔偿一时所受损失

五、本契约一式贰纸各执壹纸以资信守立此为据

公元一九五〇年九月廿一日 立

分租人 锺静涵

承租人 徐镜龙

见证 高德甫 [illegible]

保证人 高志庭

附注：甲方之房屋全部[illegible]出时对于二房东主租[illegible]概归乙方继承[illegible]

1950 年的租赁合同

单位的租金合计 8.52 元，算下来二房东一家基本是白住在步高里中。水费、电费及房捐的提高都是加租的借口，“房捐”按百分比负担，水费按人头，电费酌情均摊，都有明确条款。房捐是指政府征收的房地产税，相当于管理费，有固定的额数，房屋出租后，房客也须付相当于按比例摊派的房捐。用电基本以户为单位，而用水量则与家庭人口关系较大，故按人头平摊。当时还没有分户水表，均采用大火表和公共水表，因此分分厘厘有据可查，在合同中注明是适宜的。有一样昂贵的费用没有列入契约——顶费，它已成为房东房客之间一种无成文规定的心照不宣。租客入住前必须一次性支付一笔现金，若二房东仅仅收取租金而不收顶费，他们可以随时与租赁者终止合同。徐先生耗资八两半黄金顶下了客堂间和天井，灶间内一小间花了一两黄金。为了防老鼠，过去客堂间洋松地板下的木格栅

之间被填塞了煤渣，“返潮”引发了木地板霉烂。徐镜堃租下房屋后又用大约一两黄金更换了地板，这样安顿下来就耗费了整整十两黄金。当时一两黄金相当于95元，“顶费”竟相当于十七八年的租金，几乎花掉了徐先生的所有积蓄。

钟襄理将一套石库门房子做了拆分，楼上和楼下都顶了出去，过了几年，两个亭子间在公私合营的时候交给了房管所。房管所也不含糊，换给他一套复兴坊的房子，属于新式里弄，配有煤气和抽水马桶，显然比步高里的条件好多了。人往高处走，看来步高里的原住民至少在20世纪50年初就产生过流动，前面1949年户籍统计中提到的37号大户人家林家也去了复兴坊。钟襄理算是“捡到一个皮夹子”，两个小小亭子间换到优质地段的一大间堂堂正正煤卫齐全的新式里弄，对调很不匹配，这主要还是源于房管所严重缺房，两个亭子间可以塞进两户，解决了更多人的家庭居住矛盾。但对年轻的徐镜堃而言，经济基础决定生活条件，这个道理很朴素，一套属于自己的，脚挨地、头能顶天的居所，几乎是所有梦想的源头。就算1956年房管所贴出大布告，不允许顶房子了，所有步高里的房子都由中国建业地产公司所有转变为房管所公产房，徐先生也丝毫不懊恼，他顶下过自己的房子，这个事实改不了。

公共部分最容易发生纠纷，灶披间虽然在法律意义上是公共的，但在实践中，这些地方因历史渊源被明确划分成区，为各家庭专有，不可越雷池一步。在多年后的步高里厨房工程中，J号的“灶披间”每户面积分配存有歧义，须发皆白的老人理直气壮地拿出租房合同，有理不在声高，夺回了灶头空间。

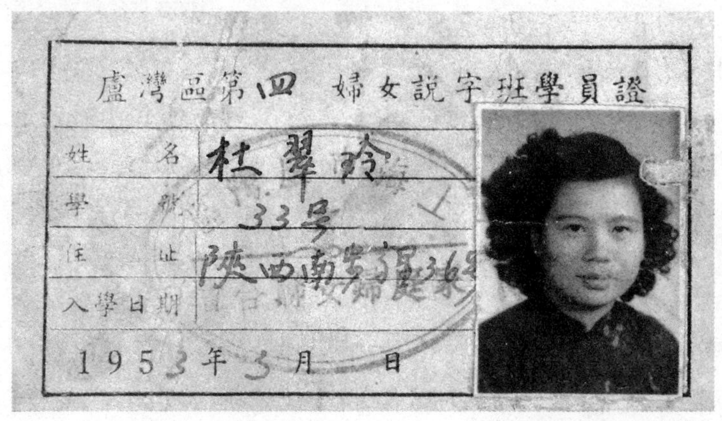

盧灣區第四 婦女説字班學員證

姓名 杜翠玲

學號 33号

住址 陝西南路

入學日期

1953年3月 日

1953年杜翠玲的说字班学员证

“老里弄”杜阿姨

徐镜堃因为在单位做外勤采购，一年只有两个月在上海，家里全靠杜阿姨支撑，是典型的男主外女主内的生活模式。

女主人杜翠玲1927年出生，虽然只读过两年小学，但却是个聪明能干的媳妇，与周围的邻居关系非常滋润和顺，在居民委员会的社会功能处于开展卫生、福利等工作的居民自治阶段之时，她就成为了步高里最早的“老里弄”。前已提及，自 1951 年起，以居民委员会为单位，上海各里弄都针对家庭妇女开办了各种学习班，参与人数众多，方兴未艾。1953 年杜阿姨参加了妇女“说字班”，通过诵读《千字文》等基础课本，逐步能阅读通俗书报，进而能写家信出黑板报，授课地点在穆恩堂，是上海基督教女青年会女工夜校的所在地。识字班开阔了杜阿姨的视野，使这个挎篮提袋、围着小菜场转的家庭主妇，一个 1951 年被拉着走进“居民委员会”的小八腊子，逐渐获得了锻炼的机会。1956 年她当选为里弄工作积极分子，上海市卢湾区人民政府颁发的奖状上写着“团结居民贯彻上海工业方针，为建设社会主义建设而奋斗”，周边画着火车、轮船、大坝，还有学生打篮球、农民大收获、工人在冒烟的工厂炼钢，反映了一派生机勃勃的社会景象。到了 1958 年，杜阿姨正式成为沸腾生活中的一个国家基层工作者，一名居委会干部，按月领取大约 18 元的工资。那时她已是四男一女五个孩子的母亲，风韵而丰满，生活充实忙碌又有奔头。半个多世纪以来，“老里弄”给文化不高、没有正式工作单位的家庭妇女开辟了一条就业之路，在家门口工作挣钱补贴家用，提高了家庭妇女的地位。杜阿姨工作离家，但从未离开步高里，工作与家庭生活两不耽搁的劳动方式正是上海早期居委会的特点之一。

要说家里的经济支柱还是徐镜堃。他在厂里跑供销，全国各地奔波，属于高收入阶层，1957 年的工资是 114 元 7 角 8 分，基本与大学教授持平，包括 70 元基本工资加 18 元 5 角的伙食费，还有洗澡费、车贴、外地出差补贴、劳保等福利。杜阿姨给他塞上一个满噔噔的铝饭盒，吃饭的钱就省下了。就这样，夫妻二人的工资赡养一位老人，喂饱五个孩子，精打细算还有富余，就一点点置办齐家当。40 元买了套红木八仙桌椅，90 元购了件红木大床。一天杜阿姨路过步高里的小广场，碰到一个货郎在卖旧

奬狀

杜翠玲同志當選為盧灣區一九五六年里弄工作積極分子

團結居民貫澈上海工業方針為社會主義建設而奮斗

上海市盧灣區人民委員会

1956 年杜翠玲获得的里弄积极分子奖状

家具，黄鱼车上立着个碗橱，碗橱并不粗笨，看了就让家庭主妇喜欢，开价 30 元，杜阿姨还到 28 元，买回了宝贝，毅然甩掉了原来的竹碗橱。这三件家具大体代表了杜阿姨心目中“吃与住”的日常生活水准，粗菜淡饭的平凡生活自有其中涌动的热情，老主人和家庭的成长故事便藏在那些家具里，如同一段 DNA 密码，一代代传下去，自自然然、生生不息。

1958 年注定是中国火红的一年，是变社会为“乌托邦”的实验年。就在这一年盛行大食堂，解决了许多双职工子女的吃饭问题。吃大锅饭就要有一定的就餐和厨房空间，这在里弄中也是个难题。上海于 8 月下旬在全市选择了 16 个居民点进行试点，步高里 16、17、18、19 号都被用作里弄食堂，杜阿姨成了里弄中的食堂人事负责人，她要用集体的力量安

因 1958 年办大食堂，16 号、17 号的窗户有所改动

排好生活、安排好家务，但大食堂条件的艰苦却是令人咋舌的。

16 号和 17 号原先都是里弄工厂，生产汽水及化工类产品。1958 年左右，16 号的氧气瓶曾发生严重的氯气泄漏事件，突发爆炸，有居民被送往医院抢救，连对面徐镜堃家里的金属器皿都发生了化学腐蚀，不能用了。大约是事件发生后不久，工厂迁走，16、17、18 号的客堂间打通成为食堂，楼上仍为住户。为扩大空间，16、17 号两户天井间的隔墙都被拆除了。食堂的厨房就是 17 号的灶间，面积明显偏小。为此，1960 年 7 月，步高里居委会曾经向卢湾区房管所呈递了一份“速件”：步高里 17 号第一食堂，现有搭伙人数 700 多人，食堂面积约 70 平方米，一间厨房约 13 平方米。虽装置了降温设备，但由于厨房的面积过小，降温效率不大，工作人员屡有中暑，出勤率不高，严重影响食堂工作。请求房管所将陕西南路 259 号一空置的约 20 平方米的房屋调配给居委会，用来与厨房隔壁 18 号住户协商交换，腾出空间扩大厨房面积。这是我们目前能找到的关于步高里的唯一一份存档文件。[①] 食堂厨房通过烟囱排烟，楼上临近烟囱的墙壁随之升温，到了夏天住户的屋内炙热难当。房管所接到群众反映，派人前来查看之后，同意将 16 号、17 号邻近烟囱的三家亭子间住户的窗分别向两边扩大了近 30 厘米，以增加通风

①本街道卢房一所本季度打算、欠租分析、防汛防台工作报告、各居委危房调查及陕建扩大食堂申请、批复. 上海市卢湾区档案局：091-2-5, 1960，4-1960，9

散热。17号二楼亭子间当时是食堂办公室，所以没有改动。

杜阿姨工作异常劳累，至今回忆往事，室内空气似乎都凝固了："我呢人老实，搞福利工作，样样要我去弄，硬劲要我去做，我顶好勿用做，做的忙死，只有自家晓得。一夜天困不着，一个个人生病，只好我自己顶上去，两点钟去烧粥，哪能办？小人（小孩）没人管。最好不要谈了。"杜阿姨从抽屉中取出白手帕，抹了一把眼睛。

从"速件"和杜阿姨的回忆可基本勾勒出里弄大食堂的背影。最初大食堂只是"小办办"，碗筷、桌椅都从自己家、从邻居家源源不断地运到了大食堂。不久19号的长城电工仪器厂搬走，腾出的客堂间、厢房也被纳入食堂的领地。此后条件逐渐完善，正式成为"步高里17号第一食堂"。后来陕西南路271弄也办了个食堂，即为"第二食堂"，杜阿姨依然是里弄负责人。工作持续到1962年左右，大食堂才逐渐被取消。这四年多的时间，杜阿姨身为五个孩子的母亲，还要率领五六个炊事员照顾700人吃饭，相当于开了四年的流水席，加之工作环境恶劣，压力之大难以想象。食堂营业时间早五晚六，烧粥半夜两点就要开始，晚饭过后还要整理所有的餐具餐桌。杜阿姨从进料到发货，从灶台到地沟，样样活都干，几乎每天工作到晚上八九点，每天的休息时间不足五个小时。她要从居民手中搜集粮票、肉票，到市场上买米面、买一点肉，再带领师傅将"高脚馒头"、每天八九十斤大米做出来。经济不景气的时候，一切从简，青菜中放上一点点荤腥，搞瓜菜代。又过了两年，经济状况复苏，红烧肉才端上了餐桌，凭票购买。弄堂中不工作的妇女、儿童大多在此就餐，19号长城电工仪表厂的职工曾在此搭伙，还有个搪瓷厂的宿舍设在步高里，三班倒的工人也到食堂吃饭，这就是700食客的大体来源。大食堂最难的就是烧柴，虽然1958年步高里就通了管道煤气，但大食堂依然烧大灶。柴禾从附近一个棚户区用黄鱼车拖回来，放在18号，堆满客堂间，厨房里一天到夜烟熏火燎，杜阿姨的家距离食堂咫尺之遥，夏天只觉后门热浪滚滚袭来。五个孩子稍小一点的倒还好，可以放在里弄幼儿园，大的几个就基本无暇顾及了，他们在食堂吃派饭，也仅仅是凭粮票吃顿简餐而已。

有句歌谣唱道："1958年，吃饭不要钱。"其实在步高里吃饭从来没有不要钱，买饭要粮油票，开荤要肉票。如今，这段大食堂的历史就记录在了步高里斑驳的墙面上那几扇不对称的窗户中。像杜阿姨这样的老里弄，秀美的外貌底下是隐忍与坚毅，她们无偿超负荷运转，依靠忠诚在1958年前后合力撑起了居民的信任、国家的重托。

徐老伯的心结

花开两朵，各表一枝：徐镜堃的卧室里有一个搁在角落里多年的樟木箱，那些老照片、房契、奖状、证明材料和入党申请书记录了许多人生中最宝贵的场景，不仅脉络清晰，而且数量较大。这些东西与当前越来越具有距离感的影像与图档，记录了历史变迁中个体所承受的种种艰辛，再一次为家庭成长留下了视觉佐证。

1922 年徐镜堃出生在一个普通的职员家庭，平静的生活随着父亲亡故，日本人的侵略而被打破，当时他还不到 15 岁。眼看着有钱的邻居躲进租界，日寇的炮火炸毁了火车南站，街道上的居民日渐稀少，风声鹤唳，草木皆兵，一家人心急如焚。唯一出路是变卖可变卖的一些东西，逃回余姚老家。在老家住了一个月，看到乡亲们自身难保，全家人东家吃一顿，西家吃一顿，无法久留。大哥只得摆脱寄人篱下的生活，冒险回到上海某了个差事，四个月后时局逐渐平稳，一家人终于随着难民潮返回上海团圆。再过了两年，徐镜堃年满 17 岁，即开始了在运输公司跟人往汉口跑单帮的学徒生涯。1942 年 8 月，经父亲的朋友介绍，徐镜堃进入日商进出口行横山洋行担任助理。22 岁时，他已经成为一名较有经验的报关员了。不久，他与杜翠玲喜结连理，生活迈开了坚实的一步。抗战结束前，徐镜堃跳槽到哥哥工作的闸北区丰余化工厂，一直干到 1964 年。后丰余化工厂被大新化学厂合并，这中间又有一段小故事。丰余化工厂的厂房是钢筋混凝土结构，宽敞明亮，就算在上海老牌工业区闸北区也不多见，工厂生产硼酸效益很好。之所以要搬迁到市中心徐家汇，并与生产同一产品的大新化学厂合并，是因为丰余化工厂坐落在闸北区南山路 80 号，距离上海棚户区改造的一面旗帜番瓜弄仅仅一条马路。来往有泥沙车辆、

20 世纪 60 年代末徐镜堃的劳模照

工厂有生产异味，这对一个经常有外宾参观的模范窗口来说显然不合适，工厂只好让位给了一家涤纶厂。从这件小事可以管窥，共和国在棚户区改造上的示范工作功夫下足，由“里子”到“面子”均有本质性的行动。①

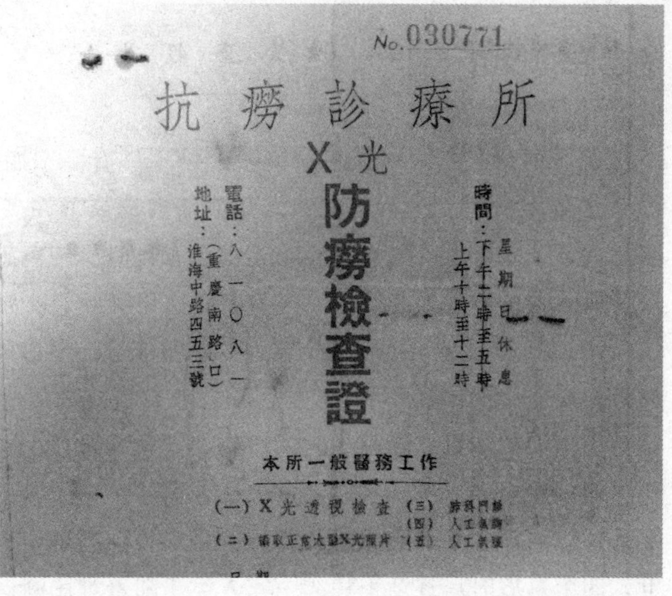

1950 年徐镜堃的肺病检测报告

徐镜堃在化工厂工作了 15 年，由于收入高，他上班有“高档”代步工具——一辆二八自行车，从步高里骑到闸北上班，单程半个多小时。每天一早，徐镜堃沿建国西路向东而行，他披着晨曦，周身似乎被一条金线缝了边。不到三十岁的精壮汉子，习惯将车骑得飞快，近前有人就赶上，再有人，再赶上，如此不断向前奔，心中永不服输。由于各方面表现优异，徐镜堃几乎连年是先进生产者、单项生产标兵，1950 年民主改革的时候，被锁定为干部培养的目标。

民主改革运动是 20 世纪 50 年代一次席卷了城市基层社会的政治运动，在公私合营中使社会主义的生产关系进一步体现出来。徐镜堃参与这项工作的具体任务是协助党组织对社会主义改造的情况进行反馈，在公私合营的转折时期，努力搜寻提高生产质量、降低生产成本的方式和方法。他凌晨五点闻鸡鸣起床，晚上差不多十点披星戴月回到家里，每天跟随闸北区的区委书记在各个企业探访民情，工作异常辛苦。刚刚解放，他浑身有使不完的劲，不到半年他就成为了民主改革的小队长。但是，就在这个节骨眼上，徐镜堃突然吐血了！在淮海中路抗痨诊疗所 X 光防痨检查后，一份右侧肺叶阳性的大红检测报告摆在徐镜堃面前，这不啻一声晴空炸雷，他只得暂时隔离治病，退出了民主改革的干部培养队伍，离开了红色的起点。其实做官并不是徐先生的追求，从参加民主改

①番瓜弄地处上海市闸北区，历史上是有名的棚户区、滚地龙，居住环境极端恶劣。1963~1965 年，上海市政府分两期主持改造，就地平衡人口，形成了各类设施齐全、上海市首个五层楼的居民新村，得到广泛赞誉。

革，到1951年申请入党，无论身在何处，他都保持着理想主义者的正直，希望加入共产党的心情日益迫切。

我要求参加中国共产党，1950年10月我厂开展了伟大的民主改革运动，党给了我无穷的力量，指点我光明的道路，更教育培养我确立全心全意为人民服务的思想。自从组织上调我参加民主改革工作队，在工作中我倾听到很多同志以万分仇恨的心情来控诉旧社会反动派对我们劳动人民的迫害。在旧社会没有一个劳动人民不遭受到反对派的残酷剥削和压迫。我亲身体会到今天的温暖生活是有共产党毛主席正确领导革命得来的。当去年五月我咳嗽病重的时候，组织上非常关心我，生怕我没有休息好，特地向益泰厂党支部联系了他们的疗养室，整出了一张床给我。并设法给我诊断，经医生诊断为二肺轻度结核。我向组织汇报了情况，并提出回厂要求。组织上慰问我的精神，了解我的经济情况，如果必要就用一定时间休息，经济上有情况向组织请求，得到照顾。同时指示了革命工作不分岗位，回厂照样搞革命工作，并再度安慰我用革命乐观主义来养好身体，早日恢复健康。我当时想到我在半年工作中一无成绩，而组织这样关心我，使我感到不安。回想起二十岁时有一次被资本家派到浙江长安，有一天病了吐血，一再要求老板回乡看病，可是资本家拿我们穷人性命不当一回事，回家没几天就又让我回长安，结果在火车站又吐起血了，这样拖了一段时间身体就更坏了。我对比过去，更感觉到今天工人阶级地位的伟大。我知道每项工作只有相信群众，多和群众商议和讨论，用耐心说服工作讲明道理，使群众觉悟提高，工作才能得到很大力量支持，运动才能顺利开展。

店员家庭出身的徐镜堃历史清白，加之工作踏实，工友交口称赞，1952年即被批准为预备党员。伴随幸福与光荣的压力是徐镜堃似曾想到，又不敢继续向下深思的。一年没有转正，第二年再去问，支部书记手一摊："以党员的标准严格要求自己，当个好干部，车间主任照旧来做，但不能入党了……"这几分钟的时间在徐镜堃的世界里凝固了，多年来尚未抚平心中的隐痛。他知道大约十年前在日本商行当过报关员的事情没有向组织交代，从开始埋下隐患，到最后怎么也说不清楚了。

1942年，日敌加紧搜集各种粮油物资，派我到青浦长安等地收购菜籽，黄豆、米等，在1943年横山洋行代日敌收购军米，当时我不愿意做，但遭到日敌嘲笑、侮辱并威胁停职。在这个时期失业成群，物价飞涨，为了个人利益，为收购军粮横山洋行在青浦设立了一个办事处，当地县政府按有地多少按户摊派。当各种物价飞涨的时候，米价被日军列为限价不得涨价，除军米能搬运外，其他都不能自由贩运。由于物价相差悬殊，农民不愿意

聘請書
特本聘書為証
一九六〇年九月 日

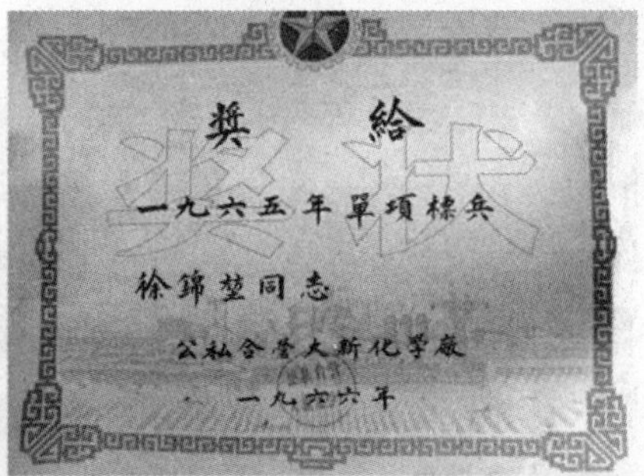
奖給
一九六五年單項標兵
公私合營大新化学廠
一九六六年

评为一九七八年度
先进生产者

代表証
上海市人民委员会

畢业証书
人，現年三十六岁，在本校
初中部修业期滿，成績合
格，准予畢业。此証。
1959年7月 日

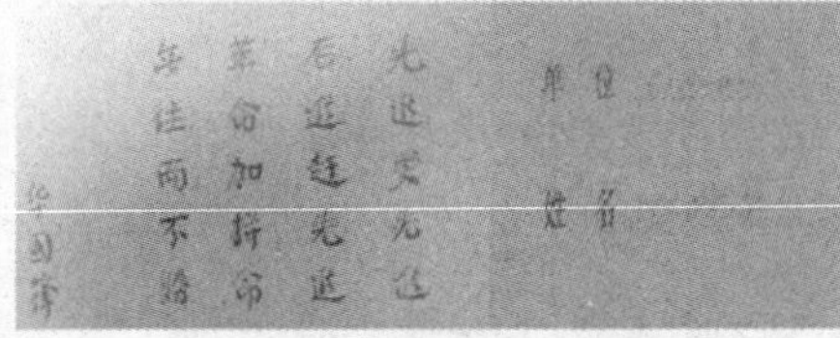

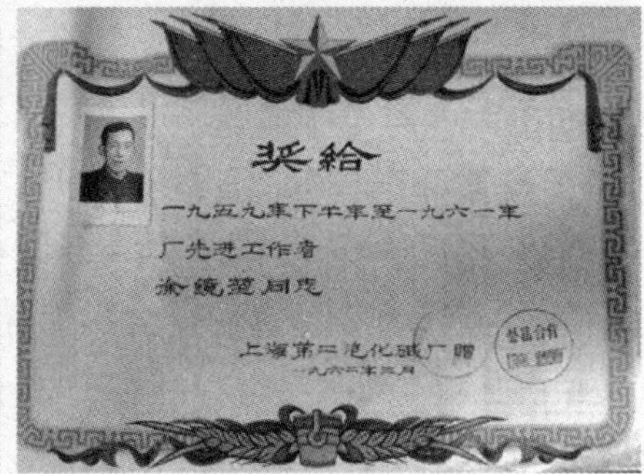
奖給
一九五九年下半年至一九六一年
厂先进工作者

年年劳模

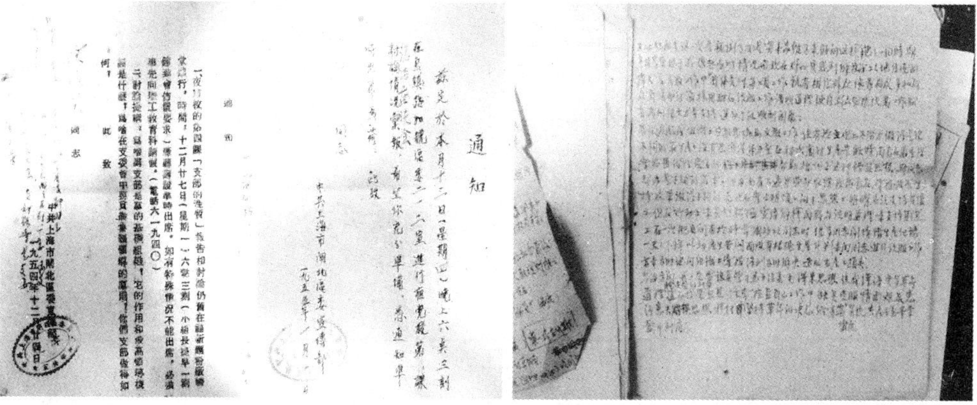

通知

一、夜校教的第四課「支部的進攻」報告和討論仍舊在新華職業學校禮堂進行，時間：十二月廿七日（星期一）六點三刻（小組長提早一刻鐘到會佈置要求）準時開講準時出席。如有特殊情況不能出席，必須事先向學工教育科請假。（電話六一九四〇）

二、討論提綱：為甚麼支部是黨的基礎組織？它的作用和提高領導核心是什麼？為啥在支委會中要貫徹集體領導的原則？你們支部做得如何？

此致

同志

中共上海市閘北區委宣傳部

一九五四年十二月廿四日

徐老伯手记

将一年的收成白白送到日军，拒绝交军粮。但乡保长在日军的利诱下大批催租，家破人亡……

入党一年多来在党的教育下，特别是在厂党校的教育和党的七届四中全会的精神鼓舞下，使我认识了党的性质。检查自己在旧社会沾染的患得患失，和卑鄙的个人主义思想，因此在入党后的一年多里对自己的历史问题和工作未向组织做绝对的交代和彻底的深入检查。通过组织上的帮助和党组织公开揭露了胡风反党集团的罪恶活动，使我深刻认识到自己的个人主义将被反革命分子利用并被拖过去的。在横山洋行工作的三年中做了危害人民和损害革命利益的错误行当，通过检查自己，认识到将横山洋行当作一般的商业洋行是绝对错误的。它在中国建立二十年，仗着日寇在中国的特权和势力长期对中国人民进行残酷的剥削，它是为日寇侵略战争服务的帝国主义洋行，自己的立场模糊是缺乏民主自我解剖意识的反映。

这些深刻检查大多形成于历次运动中，文字中的自责即是彼时彼地的心境写照，生活变得空前复杂和焦虑。半个多世纪有20000多天，其中有多少风轻云淡的岁月是值得咀嚼的呢？那漫漫长夜是怎样熬过来的呢？在一小包纸片中，徐镜堃珍藏着两张上海市闸北区委宣传部的通知单：夜党校的第四课依然在福新面粉厂礼堂举行，课题是支部的性质——为什么说支部是党的基本组织？他的作用和最高领导机构是什么？为什么在支部中要贯彻集体领导的原则？你们支部做得如何？1954年12月；夜党校第六期，党的群众路线的报告会——为什么说党所以有力量就在于和人民群众有密切的联系？怎样才能取得与广大群众的密切联系？1955年1月。徐先生又端正地听了一次党课，平等、接纳、宽厚与理解是好社会的基本成因，这份尊重他盼了一辈子。

1981年，徐老伯夹着一摞厚厚的奖状光荣退休，他最后工作的单位是上海硼砂厂，化工部的重点企业，也是当年周总理亲自抓的骨干企业，为中国原子弹的自主研发作出了贡献。徐老伯从车间主任一路做到厂办主任，分管四五百人大厂的生产活动，他始终以微小的力量实践着共产党人的理念：紧密联系群众。年轻时，连续数年工作之余在夜校义务做兼职教师；周一到周五经常住在厂里面，星期天到工人家中家访。退休后，他成为小区的志愿者，过年为居民撰写对联，红通通的春联把整个小区打扮得格外喜气。这座城市所保持的品质就是基于有一群平凡的人，认真做着平凡的工作，这些平凡的工作做好了，那就是不平凡的一生。如今，含饴弄孙、尽享天伦之乐的老人偶尔会不经意地叨念：我家老大和老四全是党员……

孩子们都离开了家

徐家孩子多，房屋拥挤，8 口之家 4 个儿子住在阁楼上，老太单独住在客堂间后的小隔间，夫妻二人带着女儿住在客堂间中部，即便这样，他们也从未想过要封天井，保留那一抹天蓝色能让人们在掣肘的环境中透透空气。徐镜堃和哥哥、姐姐都住在步高里，几家的孩子经常串门，姐姐家的一双儿女阿东和阿珍居住在步高里 47 号，正直而少言，又痴爱书本，小小的房间里，除了睡觉的那块空地，书籍就像会生长的植物一样四处蔓延。他们“文革”后都从步高里考取了清华大学的研究生。阿东学无线电，毕业后参与了北京飞机场改造工程，工作表现好也就顺利地留在了首都。阿珍则在上海原子能研究所工作。在步高里，这样品学兼优的学生不算少，这是父辈言传身教的必然，是步高里的骄傲。

徐老伯的儿女不是到工矿做工，就是一片红插队落户，20 世纪 60 年代纷纷离开家后，步高里的房子猛然空了下来，夫妻俩的心中不免失落。1978 年中共中央以 30 号文件的形式回应了百万知识青年“我们要回家”的呼喊，中国开始了翻天覆地的剧变，无数弄堂瞬间塞进了拖家带口的返程知青。老三徐勇从冰天雪地的吉林农村获得了回上海的机会，但工作很难找，徐老伯为儿子的就业问题平生第一次找到单位领导求情。领导说只能安排集体企业，就到新华化工厂当了供销员，子从父业，干了一辈子。过去的“大集体”如今也是国营大厂了，儿子没有下岗，反而干得风生水起，20 世纪 90 年代搬离了步高里，开始了三口之家的崭新生活。2009 年，徐勇的儿子从沪上一所知名大学的环境工程专业毕业，赴美留学。芝麻开花节节高，徐家的第三代成了真正意义上的读书人。

从步高里考入清华的学子们

没有孩子在身边的日子，徐家二老依然能应付。

20 世纪 80 年代末的全家福

笑脸

早上来个钟点工，花一小时打扫卫生。徐老伯六点起床，到附近的卢湾体育场连跑五圈，合计两公里。近来只能勉强跑四圈了，但最后一圈走也要走下来，这是他多年的脾气。杜阿姨身体大不如前，要到太阳出来的时候再出去遛遛，平日依然愿意与老姐妹打打牌，还像过去忙忙碌碌的里委生活一样，爱热闹。说到老宅，烦恼不少。即便是一场还不算大的雨都会造成室内积水，阁楼上放满了盛水的脸盆。一个多年不用的阁楼承载了年轻时孩子们的欢声笑语，现在却满目破败。老人在陡峭的楼梯上下攀爬，倾倒雨水，这对两位年龄加起来 170 岁的老人来说颇为吃力。但当杜阿姨接听儿子们接连打来的电话时，总是面容温婉："现在不漏了，蛮好。"白开水那样的平淡品质却是生命中的必不可少，从红颜到白发，内心笃定，66 年的寻常婚姻造就的是不平凡的相伴。两位老人在风和日丽的下午还能玩一会儿"争上游"，这是货真价实的人生，仿佛过去乃至眼前的不愉快、不方便很轻易就被抹去了。

5

里弄的邻居们

情报站

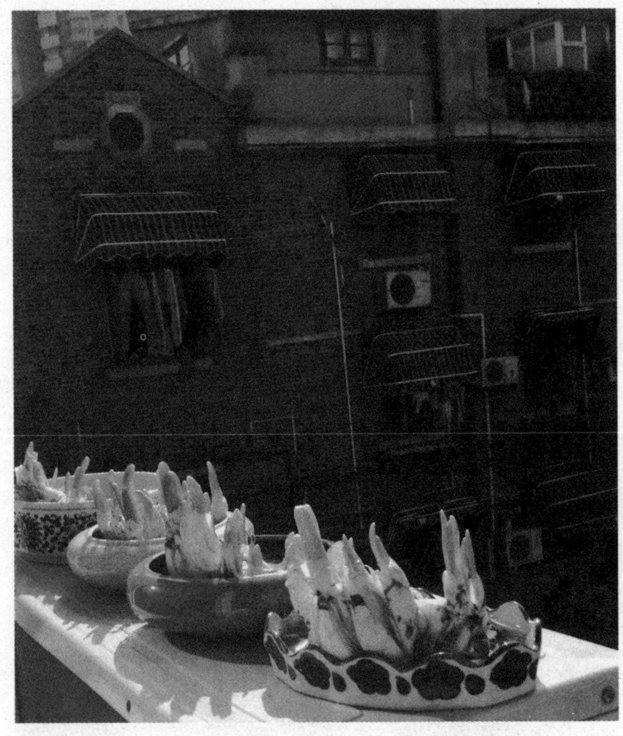

水仙

中山大学社会学青年学者朱健刚指出："里弄邻里本身并不是一个先定的社会实体，而是一系列以居住地为地理区位的社会关系和组合，以及居民自身的居住认同所共同建构的公共空间。"① 场所营造是一个漫长的过程，如果忽略了弄堂内人群聚居的历史延续性，将严重破坏各种社会关系的组合，这些居民的共同特征是保持着与步高里这一主人公同步成长的认同感，在选择定居场所的时候认同感起到决定性的作用。今日的勃艮第之城人口构成不复杂，但仅凸显朱莲娟、徐镜堃两家的变迁来反映步高里的发展无疑是偏颇的，还需要铺排一片淡淡的背景，让更多的人群体现弄堂生活的不同侧面。

顾如梅的回忆

世博会论坛的"博客大赛"让一个叫顾如梅的老人进入了我们的视线。

大赛的主题是"我的石库门记忆"，顾如梅的参赛文章写的正是在步高里的往昔生活。她十岁逃难住进步高里，十二岁便离开了，两年时间，一个十一二岁的懵懂少女，能对步高里留下多深的印象呢？打消我们顾虑的是一本薄薄的小书，这是顾如梅在73岁时完成的自传《我的成长》。全书用质朴真挚的语言，讲述了她七十多年的生活历程，将一个普通人的酸甜苦辣一一细数，读来令人为之动情。

8岁的顾如梅成了小傧相

6岁的甜蜜千金

顾如梅1928年呱呱落地，乳名兰珍。小时候住在相互连通的两幢石库门、一幢三层楼洋房和一幢二层新式楼房里，位于提篮桥舟山路，人称"顾家大宅"。顾如梅记得自己的祖父以前是做水上警察的，听家里人说外快很多，还常放高利贷，

①朱健刚. 国与家之间——上海邻里的市民团体与社区运动的民族志. 北京：社会科学文献出版社，2010：摘要

终成一方富豪。父亲是长房最小的一个儿子，在海关工作。顾如梅自小过着衣来伸手、饭来张口的日子。家中上上下下二三十号人，那时的回忆是快乐富足，无忧无虑的。然而，虽是娇生，惯养的日子却被战争击碎了。1937 年 8 月的一个蒙蒙亮的清晨，感觉情势不妙的舅舅慌慌张张将顾如梅母女二人接走，顾宅其他人尚且将信将疑，心存侥幸。三天后，"八一三"事变爆发，祖父率众逃到英租界，偌大一个大家庭从此逐渐破落离散。顾如梅母女暂居的"避难所"便是步高里的 38 号，是舅舅与一个冯姓朋友合顶的，这里离舅舅的工作单位逸园跑狗场很近。步高里地处的法租界，有着宽阔的马路和成排的梧桐，这景象与提篮桥一带迥然不同，顾如梅是第一次见到。38 号是两开间的大户型，冯家众人占居一楼客堂间和二楼前后厢房；舅舅一家住前楼，大姨妈住前楼后面的小间，二姨妈住一楼后厢房，一楼前厢房住了外婆的侄女一家，顾如梅与母亲只能和外婆、小姨妈以及外婆的两个过房女儿挤在二楼亭子间——区区 11 平方米，放了三张床，角落里臭虫出没的单人床便是属于这两个落难顾家人的全部空间。各家各户自起炉灶，小小一个灶间有七个煤球炉，母亲只能每天等过了饭点借用别人的炉子烧饭。有时，母亲还会向斜对门 18 号工厂食堂的厨师讨要剩菜。这种寄人篱下的拮据生活是顾如梅从未经历过的。

逃难分别几个月来，父亲从没有来步高里探望。而听舅舅说，此时祖父和父亲仍然出入跑狗场、西餐厅，维持着老爷阔少的派头。自从父亲娶了"小妈妈"，得了一子一女，对母亲便有些冷落，加之外婆家无钱无势，母亲在顾家说话自然也没什么分量。如今母亲身怀六甲，委身步高里，只盼生个儿子，能挣些名分。为了方便生产，母亲典当首饰，在山西路借到一间前楼。分娩当夜，久违的祖母也来了。然而，在接生婆和小姨妈一阵忙碌之后，母亲生下的却是个女婴。众人长吁短叹之余，计议安排由小姨妈一早抱来一个男婴，充作双胞胎。假装睡熟的顾如梅听到了她们的对话，这个下雨的冬夜发生的一切，成为她深埋心底数十年的一个秘密。几个月后，外婆的过房女儿回了乡下老家，小姨妈劝说母亲带着三个孩子回到了步高里。那之前，父亲因与"小妈妈"相骂出走，来看过母亲一次，但只待了几分钟又一去不返。母亲生活无着，曾经冒着危险，偷越日本鬼子的封锁线贩盐挣钱。回步高里不久，母亲便因无力抚养，加之"双胞胎"的相貌差异日益明显，忍痛将亲生女儿放到了法国人"育婴堂"接收弃婴的抽屉里，自此骨肉永诀。

第二年，"小妈妈"因难产去世，母亲终于得以带着儿女来到康定路 818 号的新式里弄安乐村与父亲团聚。顾如梅在步高里短暂的寄居生活也就此结束。虽说年幼不知愁，兄弟姐妹齐聚一处的这两年，整日在弄堂里嬉戏，也留下了快乐的回忆，但亲人的离别、经济的困窘、母亲的叹息，还有隐约的炮声、街头的弃儿、路边的死尸、收容所的难民，这一切都让孩子的心灵受到不小的震动。或许，步高里就像顾如梅心头的一道疤，可能不再疼痛，却永远无法将它抹去。

不久，硝烟笼罩上海，生活日益窘迫，大娘娘（大姑母）也因经济所迫，无法再资助其念书。顾如梅不得不在初一时中途辍学，进了华明烟厂，“鸟叫出门，鬼叫进门”，在拿摩温的监督下，每天工作十六个小时，赚钱养家，这时，她才十六岁，已经亭亭玉立。1945 年日本人投降，全城人欢呼雀跃，但接下来的物价飞涨，让顾如梅和工友们的生活更加黯淡。在食品极度匮乏、饥肠辘辘的岁月里，她参加了大罢工，还进了夜校补习班，甚至与同学一起办了一份叫《曙光》的手抄小报，从小养成的自强性格使顾如梅有了更多徜徉在社会进步浪潮中的潜质与激情。

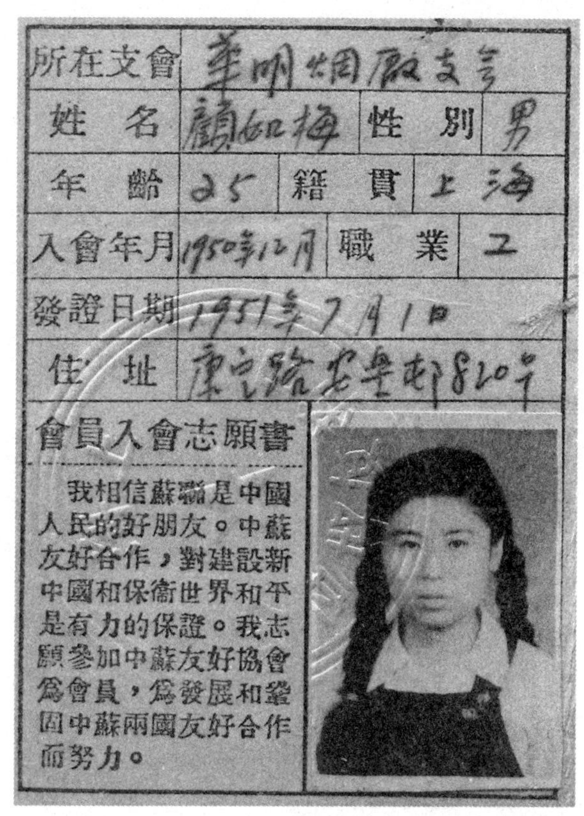

所在支會	華明烟廠支会		
姓名	顧如梅	性別	男
年齡	25	籍貫	上海
入會年月	1950年12月	職業	工
發證日期	1951年7月1日		
住址	康定路安樂邨820号		

會員入會志願書

我相信蘇聯是中國人民的好朋友。中蘇友好合作，對建設新中國和保衛世界和平是有力的保證。我志願參加中蘇友好協會爲會員，爲發展和鞏固中蘇兩國友好合作而努力。

1951 年华明烟厂女工工作证

斗转星移半个世纪，上海的秋天，一路的梧桐树绵延无尽，绿色、黄色、熟褐色层次无比丰富，宛如顾如梅的斑斓岁月。1994 年，66 岁的顾如梅来到电话站当站长阿姨。当年那些接电话的居民，一定想不到，这个带着袖套的普普通通的老阿姨，就是一个“弄堂里的阿甘”，看似平凡，却有着不那么平凡的经历：她曾为深宅大院的富家千金，每天一家人吃饭要坐满三桌；她曾瞻仰“八百壮士”首领副团长谢晋元遇刺后的遗容，亲见其脸上的刀痕；她曾随着西装革履的大人看过跑狗、进过西餐厅；她也曾踢到过难民的尸体、在菜场倒卖过洋山芋；她曾参加华明烟厂的多次罢工，向后来的民族工商业优秀代表、社会活动家，当时的烟厂副经理经叔平吼出过正义的呐喊；她出演过优秀话剧《红旗歌》里的美姑，名字上过报纸；她与便衣公安组成逮捕小组，深夜参与镇压反革命分子大逮捕行动；她当过嘉丰丝绸厂公方厂长、上海丝绸厂力织车间党支部书记、国营第四丝织厂力织车间副主任兼党支部书记、工农器材厂四车间党支部书记，领导过六百多人大车间的组织工作。从一个爱抱洋娃娃的富家女孩，到一个备受“拿摩温”欺凌的烟厂女工；从一个尽忠职守、成熟干练的工厂干部到老年大学的优秀学员，这其中的艰辛磨砺展现在 8 万字的《我的成长》里。在这本顾如梅的“城南旧事”中，步高里成为一把钥匙，开启了艰辛生活的大门，同时打开了一扇展现世间百态的窗户。在无数个“步高里”中，生活着无数个“顾如梅”，正是她们的点滴经历，集体讲述着一个个真实的步高里的故事，拼合成一幅更丰满立体的人文图景：

马车直奔法租界，映现的是另一番景象，宽阔的马路，两旁成荫的梧桐树，都是我第一次见到。

到陕西南路步高里弄口，舅舅领我到 38 号，马夫搬来了皮箱。舅舅说：“大阿姊、二阿姊全家都搬来了，住在楼上。”我们很高兴，我与表姐妹又可以聚一起玩了。

我们住亭子间，只 10 平方米面积，放三张床。大铁床让外婆和凤阿姨睡；一张双人床是外婆两个过房女儿睡；另一张单人床，才是我和妈妈睡的地方。炎热的夏天，夜晚人们还是昏沉沉，小房间里无法入睡。

“妈妈，我们什么时候回家？”我开始想念自己的老家。

“等不打仗，我们就回去！”妈妈安慰我，“兰珍，你快点睡吧！”

想呀，想呀，迷迷糊糊睡着了，不，我梦见我那美丽的洋娃娃……①

大户人家

所有房间刚刚换了白色的塑钢窗，门口挂着两个蓝色的牛奶箱，进门墙上贴着全家福和老主人的照片，大家庭的余温尚存，这就是位于西北角最里侧的 X 号，也

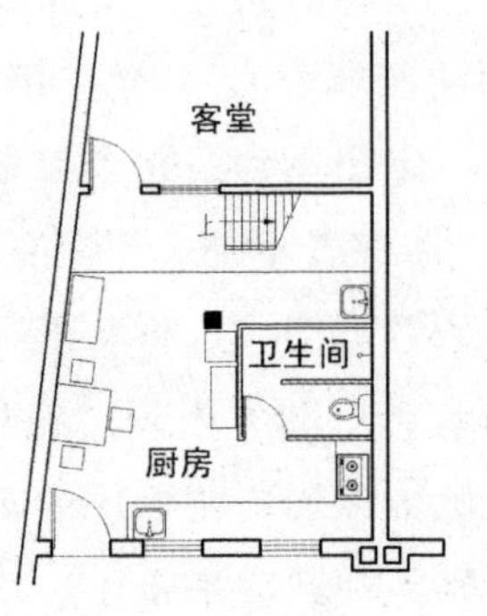

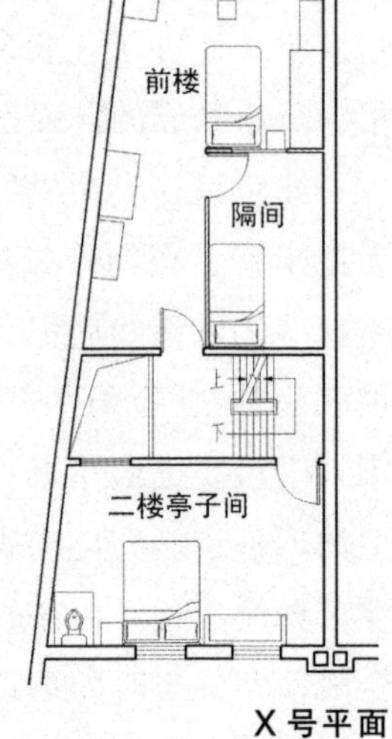

X 号平面

①顾如梅. 我的成长.《友讯》老年文学自选丛书第二辑（油印本），2001：36–37

是如今步高里罕见的独门独户之家。户主姓范，已过世多年。当年范老先生继承家业，经营着一家光华机械厂。其妻陈媜玉 1917 年出生，24 岁时嫁到步高里，随即将自己的生命完全沉浸在柴米油盐和照顾家人的私人领域里了。目前陈老太太带着大自己四岁、终身未婚的 96 岁老姐姐陈宝玉住在这里，她们按月能领取国家给高龄老人的补贴，按照规定 90 岁以上 100 元，95 岁以上 150 元。每天还有钟点工来做一个小时家务，至 2009 年工钱为每月 250 元。陈媜玉膝下六子，四男两女，大多事业有成：老五是后面将提及的步高里 20 号杨启时老师的中学同学，专攻数学，早年负笈西行，现居美国；老四学核物理，也在美国定居。其余子孙多在上海，对二老颇为孝顺，小孙子还给老太太买了个一万多块钱的按摩床垫。一到双休日，众人齐来探望，儿孙绕膝，其乐融融。穿越抗日战争、解放战争、三反五反、公私合营、“文化大革命”、改革开放、商品经济、出国热潮等变幻的风云，来到今天，一切仿佛都没有在步高里 X 号留下什么痕迹。陈老太慢慢咀嚼着子孙满堂的天伦之乐，咀嚼着平静生活的醇厚滋味。

为什么这两位老太能不受干扰地独居整整三层空间呢？X 号躲在步高里西北角，解放前虽家境殷实，还曾有汽车进出，但生活十分低调，不咄咄逼人，因此在没收私人财产的年代，他们家因为孩子多，从未出租房屋，幸运地躲过了抢房风，如今房屋恪守步高里“原始”生活格局的最后尊严，弥足珍贵。步高里配备有每户独立的厨房，楼上有晒台、楼下有天井，前后各一个出入口，厢房正气敞亮，南北通风，这种格局在当时的时代条件下，作为一家一户使用具有一定的先进性。保证了“有天有地”房屋的私密性，中轴对称形成了以“间”为单位的具有礼仪象征意义的单元，显现出与传统庭院空间一脉相承的继承关系。X 号的基本格局延续了石库门里弄的基本形态，但因为占据街坊的大斜角，尺寸超出标准单元不少，堪称“大户人家”。其总进深约 17 米，西端最大处面宽约 5.5 米，东端最小处面宽约 4 米。与平均每栋被五六余户人家所

独户

年轻时的主人

转角园艺

住了七十年的卧室

"割据"的现状相比，X号仅两位耄耋老人常住，显得宽绰有余，因此室内丝毫不见普通石库门里弄住宅里的逼仄拥挤。

厨房里有长长的灶台，靠南墙当中做了一个卫生间，卫浴分隔。楼梯间有前面所说的原始图里出现的"吹拔"空间，可惜晒台层的留空被木板封闭，否则就可以观察到其采光通风效果究竟如何了。第一跑楼梯一半的地方靠墙有一个门，是进到客堂间的夹层的。这种做法在步高里也很常见，如后面提及的21号也是如此，尽管进出不那么方便，但却使现成的楼梯得到充分利用，而省下了在客堂间做楼梯的空间。屋内一堂成套家具虽古旧却是红木的，是92岁老人的祖母传下来的宝贝，也是旧上海小康生活的标志。红木家具坚固耐用，可以传诸后代，因此还承载了瓜瓞绵绵的吉祥寓意。卧室墙上还挂着两幅国画镜框，一幅泼墨山水，一幅写意花鸟，淡雅宁静。值得一提的是，两幅画都是用线绳挂在挂镜线上的。在步高里的剖面图原始稿中，前后客堂间和前后楼内墙面画了两根通长的细线，位于9英尺6英寸与门框同高处，标注写着："Picture Moulding"，这就是挂镜线。如今的公寓楼里，挂镜线已经很少见了，可在过去却几乎是居室装修的必用饰件。一条挂镜线，挂着爱美之心，挂着喜庆吉祥，挂着情趣爱好。从宽大的前楼走出来，顺着窄小的楼梯走到晒台，空间再一次疏朗。上面种了不少盆栽，米兰、海棠、桔梗，郁郁葱葱，特别是一株傲然的兰花，远离尘世的喧嚣浮躁，安静而幽雅。历经近一个世纪沧桑的两位老人拥有粗茶淡饭的日常生活，但却用行动告诉后人：只要用心营造一番景致，即使一个小小的晒台、一块小小的转角也同样让人享受到园艺的快乐，它考验了人的耐性、想象力乃至生命力。

换房而来的徐先生

20世纪90年代初，老百姓将改善居住条件的希望完全寄托在政府身上的想法逐渐动摇，居民自己行动起来进行面积调配，电线杆上贴着换房招贴，半官方发起的房屋交换集市牵线搭桥、传递信息，为上下班路远、生活不便或地段调换环境的住户提供机会。徐先生1947年出生，有个本领就是写得一手好字，平时志愿为步高里出黑板报，作品"走进石库门"还上了2008年上海双年展室外的群众板报展。他本是上海成都路上的小开，其父经营了一个"缘万兴饭庄"，丈母娘开了一家电影院，家境曾经十分殷实，却在步高里度过了后半生，工作几十年还在为生计发愁，时常勾起人生的五味杂陈。1952年，徐先生父亲的家产在“三反五反”中被没收，一家8口人的生活一度失去来源，一些生活中珍贵的记录也散失了。“解放前老照片老多咯，长衫礼帽，拍得好，老板的样子，阿拉丈母娘样子老好。解放后生活越来越汏白，成瘪三了，我要是有老照片一定给你，肯定光荣的。”20世纪80年代初，徐先生一家老小从成都路搬迁到南昌路，那是一条毗邻上海黄金地段淮海路的支路，他有了一个两家合用的卫生间，但居住面积很小，9平方米不到，要丈母娘和他本人一家三代在一起颇感不便。1985年，徐先生通过举牌换房调到了步高里中部的一幢石库门，这里共住了5户人家，他搬至二楼的亭子间，面积11个平方有余，付出少一个合用卫生间的代价，换来比原来大3个平方的空间，是笔划算生意。在大面积的商品房出现之前，随着适龄大龄青年成家及知青回沪，上海的石库门房子再度人口膨胀，有一间小小的住房、有更多的私人空间，是每个人现实生活中最大的梦想，这从王安忆的小说中得以一窥。王安忆的众多作品以石库门里弄为生活背景，是充溢着上海里弄风情的百景图，提供了一种理解和体验上海都市日常生活的途径。小说《桃之夭夭》中，她描摹了20世纪80年代初，一对亭子间新人的婚房，铺陈了弄堂的居家状况：“在亭子间里，粉刷、打蜡、装壁灯、顶灯、窗帘盒，将九个平方米装饰成个小宫殿……新人只管逛家具店和电器店。要拍婚纱照，放成二十四英寸大，挂在新房。于是新房里的涂料粉刷的墙壁就显得寒碜了，要贴壁纸。”① 这些细节正是步高里昔日里弄生活的缩影。那时“破罐子

步高里某号住户20世纪80年代风格的家居布置

①王安忆. 桃之夭夭. 昆明：云南人民出版社，2009：155

破摔”的现象反而很少见，多的是敝帚自珍、知足常乐的“小幸福”。相反，随着计划经济体制的终结，社区的均衡状态被打破，躁动不安的阴云笼罩在里弄上空,居民对待居住生活的总体心态反倒失却了以往的专注与坦然。

徐先生时常沉浸在对比中，思绪万千，顾自慨叹：“步高里现在最多能住150户，否则就像个猪圈。但搬到那里去呢？我的一个朋友住在建业里，靠近岳阳路那里，搬到老远，还和政府一天到晚打架。不是说保护吗？哪能就拆特（掉）呢？步高里比建业里要好一点，房子高，[①]你看建业里的亭子间像什么样子呀？但步高里房子修就好好地修，弄个灯光大牌坊，像个窑子一样，怎么能算修呢？[②]”这些只言片语，是普通居民对建业里和步高里的评价。里弄居住生活犹如一束光，有着虽然有限却是可以把握的亮度和温度，投射入上海人精明的心内那口小小的天井，人人甘苦自知。徐先生充分认识到地段和历史价值能带来的某些帮助，虽对小区衰败颇有抱怨，但他相信步高里是可以修缮的。

特殊的自购房者

2008年年底，20号客堂间来了一户特殊的新邻居，户主是一位短发齐耳的孙姓女士。之所以说她特殊，是因为她并非外来租户，而是居住在静安区新建小区的一位本地居民，她通过中介购买了步高里邻近居委会的20号一楼客堂间。当时步高里的房价大约在每平方米2万元左右。孙女士所买的客堂面积为22.8平方米，据此估计总价应该至少在40万。之后，孙女士又花了3万余元进行了装修。为什么在人们都想要离开这片旧房子的时候，孙女士却花一笔不算少的款项购房入住呢？30多岁的孙女士小时候曾经有过里弄生活的经历，弄堂中的点滴往事是成年后最美好的回忆，更重要的是母亲常年患病，行动不便，要有个带院子的房子出来透透气儿。步高里地段上乘，社区和谐，经过多次整修，外观古朴，弄内不失整洁，所以她选择在此购房，用于自住。新主人对房屋内外进行了重新装修。室内墙壁铲去原有涂料，粉刷一新，并靠后门加建了一个夹层作为卧室之用，至少增加了七八 平方米的额外面积。室内外的地面全铺上了地砖，天井的东南角原有一个卫生间，洁具与内外瓷砖全部更新。倒是对着天井满开的四扇朱漆方格玻璃木门，尽管也是崭

①建业里的中、东里层高较低，西里的户型与步高里十分相像。

②步高里在十年前的一次外立面修缮中，给沿陕西南路主支弄口的大小牌坊安上了嵌入式灯箱，晚上发出昏黄的幽光。

新的，却还依稀留存了往日中式老宅的感觉。孙女士购房所谓的使用权“转让”或“交易”实质为公房租赁权的转让，其法律性质为公房租赁合同中承租人权利义务的有偿性概括移转，承租人享有居住使用权，而不是产权。尽管里弄住宅二手房面积大多较小，有着总价低的优势，但步高里近几年房价也坐上了火箭，不断蹿升。2011 年某套房报价受周边地段房价影响，不遑多让，哄抬到单价每平方米超过 5 万，“购房者”比起租房者来说，还是少之又少，像这样有特殊需求的住户以实惠的价格购买了房屋的，在步高里恐怕仅此一家。

其实孙女士的购房行为恐怕已踏入违规的模糊地带。2004 年 1 月上海《关于加强优秀历史建筑和授权经营房产保护管理的通知》发布，直管公房转让是有条件的开放，文物保护建筑原则上不开放。这种一对一的购房行为，无助于缓解步高里 400 多户的居住密度。步高里所属的永嘉物业公司希望将居住户数降至 100 户左右，冻结风貌区内国有和系统产权的交易行为，是政府保护措施中的一条策略。孙女士所购买的 20 号客堂间，属于非独立成套公房，也是文保单位，未来市场交易的难度很大。目前孙女士的产权交易行为不清楚，并无所属永嘉物业公司的备案信息，她向原户主支付相应钱款后，应通过房产交易中心办理承租人的变更手续，取得了这间屋子的承租权，才能成为其合法的新承租人。现在，孙女士每月尚须向物业公司缴纳 26 块多的租金，这些租金与承租权转让中的累计收益相比显然微不足道。

2009 年 4 月~6 月 20 号装修时序

2009年仲夏的一个黄昏，孙女士在天井中偶然瞥见我们手中拿着老地图，不禁走过来询问，她们家天井中那扇东窗是不是原来就有的。20号是双开间单元，一楼西厢房的东窗是当年住户自行开设的，正对天井，孙女士家的私密性受到很大影响。得到肯定的答复后，孙女士对周围邻居的喧哗和房屋的隔音效果差颇有微词。2011年初冬孙女士再一次搬家，短暂的两年步高里时光就此结束了，不久居委会以月租金2500元从孙家租赁了该房，作为瑞金街道的社区公益站。20号周围的房屋大多有些凋敝，吱呀作响的老式木门好像老人的关节。平心而论，居委会找到这么漂亮的客堂做个聚会中心并非易事，可谓前人栽树，后人乘凉。房屋不能流转就无法产生交换价值，单靠国家薄弱的经费给予维护，很难实现保护进程的发展。有人愿意在步高里购房加以妥善维护自用，至少出于对传统弄堂生活的珍爱。恰恰是拥有权益具体规定了权利与义务，购房者自然而然地将房屋视为自身的财富，投入更大的关心和改进愿望，这不能不视为推进保护工作的有利条件之一。

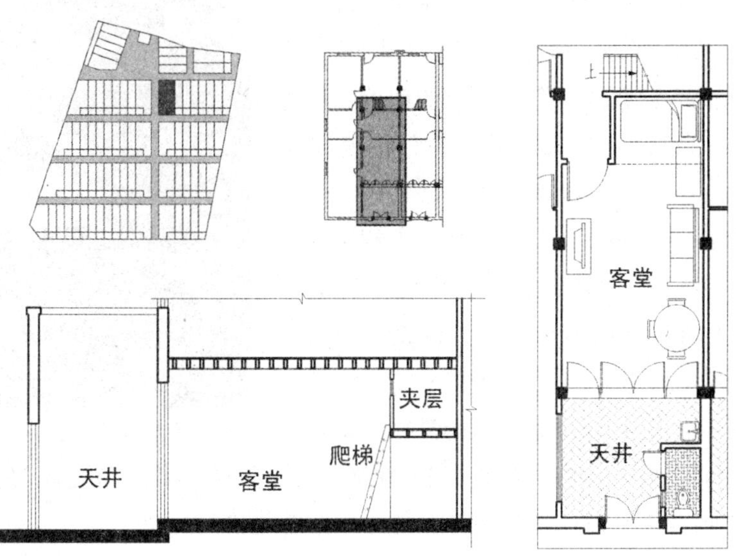

20号平面和改造剖面

客堂间的婚房

20号装修完不久，隔壁21号的客堂间也开始了改造工程。21号是步高里唯一在大门上还保留着解放前老式门牌的一户，此处的“念”是“廿”的大写，1964年上海市容市貌曾经整顿过各种标牌，在一份报告中称“1964年9月底之前对市区的门牌进行一次整顿。将目前的六种门牌，二种弄牌逐渐改为四种。其他弄牌和门牌逐步淘汰，今后不再添置”。[1] 其中特别注明“蓝底白字长方形的门牌是沿用法租界的”，今天长方形蓝底白色繁体字的门牌已经很少见了。这户人家的石库门也甚是特别，因为在它的黑漆木门之外还有一扇朱漆花格镂空木门，在多本介绍里弄的图书中都可见到它。沈华先生主编的《上海里弄民居》对里弄建筑之木门的介绍中提到，“有些木门本身不能独立使用，仅为配合原设门的需要而附加上去的，成为一门二重装修”，并举了几个例子，其一就是此门——“早期里弄民居居民为兼理商务或开设诊所等需要在门外加做的花格门”。[2]

老的门牌号

2009年深秋的一天，关闭很久的花格门终于敞开了，钉着旧式门牌的黑漆木门被卸下来靠在墙角，原来是户主蒋女士26岁的儿子要结婚，这座房屋迎来了装修的重要时刻。一户普普通通的居民一生中能经历几次装修呢？蒋女士于1979年嫁到步高里，她的公婆过去是开汽水厂的小资本家，育有六个子女。后来孩子们陆续上山下乡，离开拥挤的21号客堂间，老夫妇在“文革”浩劫中相继离世，因此蒋女士嫁过来的时候居住状况还算宽松。风云变幻出现在1994年，蒋女士工作的上海针织十四厂停产，她成为千千万万下岗女工中的一员，连续两年按月领取了200多元的生活补贴，再以后就一分钱也没有了。她不得不在超市断断续续打零工，期间又生过两场病。这样熬到2006年到了50岁退休年龄，终于有了1900块的退休工资。从1994年到1997年的三年多里，蒋女士家中为了房子可谓鸡犬不宁。事情是这样的：蒋女士丈夫的大哥、大姐两家作为上山下乡知青，均想方设法返回上海，唯一的暂居地就是21号。曾经有一年的春节22平方米的厢房中装进了3个家庭，9口男男女女，挤兑得如同罐头里的沙丁鱼。回想起十几年背井离乡，现在又有一个自己不能把握的未来，感到前途渺茫的大姐夫放手一搏，一纸控诉信投给了上海市

①上海市房地产管理局、上海市城市建设局、上海市公安局关于整顿市区街道里弄门牌的请示报告，1961，上海市档案馆：B258-2-235

②沈华.上海里弄民居.北京：中国建筑工业出版社，1993：64

精致的花门

委。信函转到了蒋女士丈夫工作的外滩某银行，恰巧1997年银行迎来了房改前的分房末班车。蒋女士的丈夫虽然是名保安，但办事“拎得清”，加之家庭确实困难，便增配到了两室一厅。为避免手足间的纠纷，遂拆分成两套一室户，“一调二”，分配给哥哥、姐姐两家。蒋女士松了一口气，继续留在熟悉的弄堂中。步高里虽然不是独立公房，但房间的面积依然要比一室户大，且3.9米的层高是任何新工房都无法比拟的。岁月蹉跎，人生的境遇变化太大，动过两次大手术，经过生死之劫的蒋女士目前与儿子相依为命。尽管她一再抱怨地方小，又没钱，无奈只能想办法利用装修增加空间，以供两代人居住，但又表示这里地段好，已习惯在此生活；自己常年靠吃中药调理身体，多亏有邻居的照应帮衬，才熬到了今天，这份邻里情深是现在的新公寓比不上的，所以她绝不舍得离开这里。感慨唏嘘之间，几乎落泪。一番话代表了弱势群体具有格外强烈的守望相助、社区归属的需要，他们的生活质量与完善、友好的社会网络密切相关。

喜上眉梢，2011年家中添了小孙女

只是一次居室装修，却使一家人仿佛看到了路标，箭头指向不远的美好生活。新人有了一间独立的阁楼婚房；天井封顶，搬进了一张翠绿色的麻将桌，未来的一切都显得摸得着，放得下了。天井原有的吊顶全部更新，客堂间地面下挖了大约50厘米，做了防潮处理，为夹层腾出了高度。夹层在靠近南窗处还有局部挑空，改善了采光和通风，减小了一层的压抑感。夹层入口设于公共楼梯半层处，室内不必另设楼梯。虽然门的右下角被楼梯遮挡了，但与节约下的人力物力和室内空间相比，这也不算什么大问题了。此番改动虽令居住环境明显改善，但是否符合保护要求呢？步高里的保护类别为第三类，其保护要求是“不得改动建筑原有的外貌；建筑内部在保持结构体系的前提下，允许作适当的变动”。21号的改造深藏室内，应属于“保持结构体系的前提下”的“适当的变动”，下挖地面肯定属于结构上的违规，其他可能涉嫌违规的是天井的封顶和客堂间开向天井门窗的改动——而这是否属于“建筑原有的外貌”的范畴，尚有待精确界定。

保罗的烦恼

步高里中部端头的A号前楼租住着一对跨国夫妇。丈夫保罗·墨菲（Paul Murphy）30多岁，南非籍的苏格兰人，就职于一家商务英语培训咨询公司。妻子小王年轻活泼、快人快语，出生于海滨城市青岛，毕业于东华大学，现从事室内设计。他们还养了一条棕色卷毛小狗，名叫"加菲猫"。

与英国联排式住宅的阁楼、地下室均有用途不同，中国的石库门里弄虽然有坡屋顶，但原始设计很少将斜屋顶空间加以利用，以至于完全成为老鼠肆虐的乐园。A号改造时在老建筑坡屋顶下狭小的空间中巧妙地争取了使用面积，构筑了阁楼生活的居住方式。保罗在此教授英文，形成了具有工作和生活双重功能的复合空间。步高里静谧的居住空间中竟然藏着一处欧美仓库、厂房空间中流行的Loft，朴素的外表下暗涌着现代的气韵，实在出人意料。房东将这一间前厢房和一间中厢房作了统一设计，重新规划了空间布局。进门是一个开放式厨房，顺着靠窗楼梯可至二层卧室。两间厢房被隔成三部分：一个小客厅、中部一个卫生间和端头的书房，书橱成为分割空间的工具；卫生间及客厅局部的层高降低，以扩大阁楼的空间容积；阁楼的坡屋顶下纳入卧室功能，边角层高较低处就改造成储藏柜。

这套几乎是为他们的生活度身定做的阁楼是怎样被挖掘到的呢？2003年，王小姐毕业后在建国中路8号，重庆南路路口的"八号桥"工作。这里也是上海工厂改造为创意产业园的时尚地标之一。但她租住的房子却在长宁区上海花城，用她的话说，"出门就是人造的巨宽一大马路"。住了一段时间，她决定搬家。通过中介，找到了步高里。这里上班近，出了弄堂南门向东走一刻钟就是八号桥，地段好，生活惬意，正符合他们这样追求罗曼蒂克和享受生活的年轻人的心意。马路两旁的法国梧桐初春淡如青丝，盛夏浓荫密布。附近的绍兴路闹中取静，充满书卷气，是晚上遛狗的好去处。房东将屋子装修一新，前有书房，后有客厅，卫浴齐备，上面阁楼作为卧室，动静分离，居住条件可谓完善。还有十分重要的一点，就是租金便宜。近50平方米的房子，良好的配置，月租金才2800元，而一个11平方米的亭子间也要1100元左右。这对两个工作时间不长的青年人来说，性价比自然很高。然而，说起这里的缺点，夫妻俩也是一肚子的牢骚。除了下水不畅，经常断电，

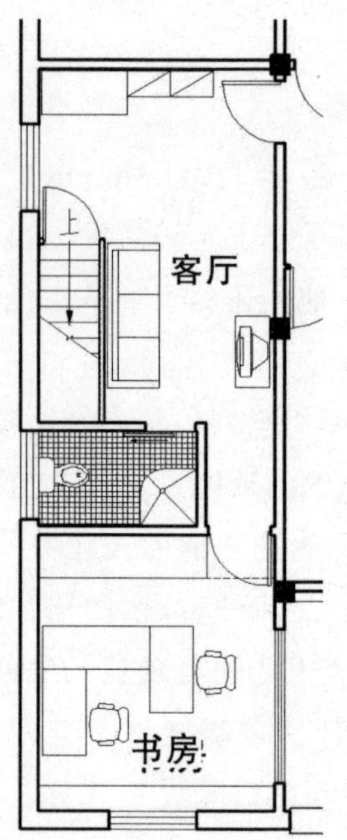

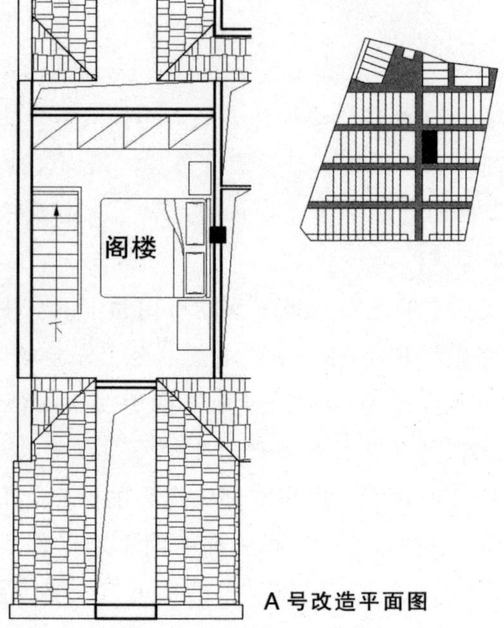

A号改造平面图

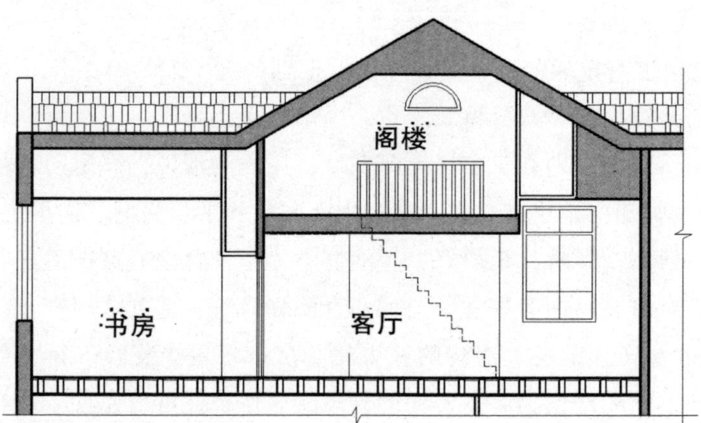

A号改造剖面图

最令王小姐不能忍受的还是时而现身的老鼠，曾经与老鼠近在咫尺的经历，令她至今心有余悸。而保罗最大的烦恼则来自于这里的居民，他难以接受安静的弄堂里有老人在自己窗户下大声喧哗。由于语言不通，他们甚至无法分辨外面到底是在吵架还是聊天。忍无可忍之时，他会探头出去大喊“安静”、“闭嘴”。讲述时，激动的保罗甚至带出了几句英语的国骂。另一方面，由于地板薄，隔声差，楼下人家对他们家的噪声也有意见。因此，“加菲猫”到晚上九点半就禁止到笼子外面活动了。

两人原本以为住在这有阳光绿树的旧街区里很“酷”，真正住进来才发现环境如此嘈杂，步高里的室内环境没有比 1985 年上海旧区居住愿望调查时进步多少。失望之余，他们只能 Hold 住、努力赚钱，争取尽早在附近买一套环境相对好一点的房子。保罗觉得对政府来说，优越的地理环境和成熟的社区配置无法复制，把这样的石库门修缮一下，租给短期居住的外国人会比较合适。确实，旧法租界弥漫着沧桑感的里

栖居之所

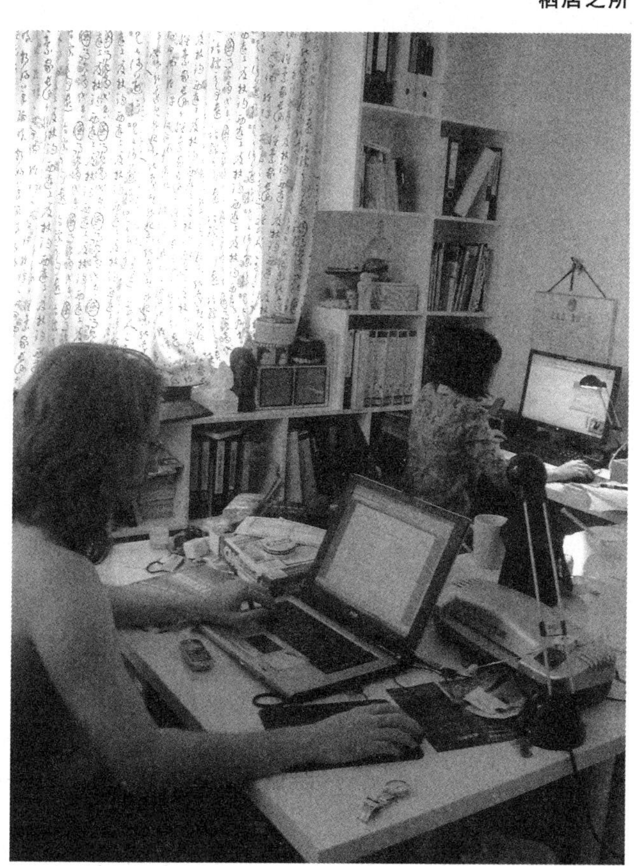

Loft 生活

弄，同时怀有异国情调和老上海味道，对他们来说不啻是一个既熟悉又似乎陌生的“桃花源”。

这是中西文化碰撞的一个典型例子，跨国夫妻选择居住在步高里，突破了“物以类聚，人以群分”的藩篱，但不同阶层和族群实际上很少交往，而更乐于在各自的社交圈中活动。保罗简单地认为弄堂是混乱嘈杂的，却看不到人们生活背后隐形的“文化之手”，那些生活习性与交往行为对弄堂内的居民来说司空见惯、理所当然，是井然有序甚至暗含机遇的。当然，对于一个西方年轻人，要理解这一点是困难的，他很难明白上海里弄住宅人际关系的微妙复杂之处。哪些行为是被允许的，哪些行为是被禁止的，在这个圈子里早已约定俗成，作为外来“闯入者”的保罗，只能去适应，却很难去改变。

落叶归根

1943年，汪伪政权收回上海法租界，改称上海特别市第八区，战争时局日益胶着。这一年秋天，步高里20号前楼杨家迎来了一个新的家庭成员——一个眉清目秀的男婴，取名启时，他是这个生机盎然的小康家庭的第九口人。其父杨辰三时年39岁，为上海清心中学的教师，数理化无不擅长。

今天的杨启时已度过了一个甲子，依然步履矫健、目光清澈。老照片为后人留下了旧日生活的珍贵影像，一张父亲的旧照，让杨启时年轻时的某些生活场景在这个接近暮年的时刻，从记忆中再次清晰地显影出来。半个世纪前，年逾古稀的杨父安然坐在南窗边，凭倚着一株茂盛的日本红石榴在翻阅报纸。当时家里有照相机的居民寥寥无几，若要拍照基本都是到照相馆的布景前摆一番造型，家常生活照少之又少。这张逆光照的摄影者是杨启时的二姐，她20世纪50年代末在复旦大学新闻系就读，为完成作业，从学校借了台120相机。照片展现了少有的家庭生活的温暖与安逸，没有普通里弄生活嘈杂拥挤的烟火味道。很多人喜爱栽花种草，却以没有足够大的户外空间为憾事。其实，植株无论大小高矮，正所谓“方寸之间有天地”，一株石榴花便令满室皆春。在这小小的黑白世界中，我们看到了浓郁的生活的色彩。老照片中尘封的记忆透露出的往昔情趣，值得后人去仔细咂摸和品味。

杨启时与前面提到的大户人家X号留学美国的老五是中学同学，但是两位同窗的命运

父子情深

20 世纪 60 年代的全家福

窗前小憩

花漾

却迥然各异。1964年，知识青年上山下乡的运动正开展得如火如荼，刚二十出头的杨启时命运在这一年发生了重大转折——他作为上海市团校的支边知识青年，远赴新疆塔克拉玛干沙漠西北缘的阿克苏，从此投身于农一师十四团的农垦建设中，并在那个远离家乡的风沙之地落脚生根、娶妻生子。1979年前后，中国爆发知识青年回城浪潮，一时多少人间悲喜。十几年后一部电视剧《孽债》引发了全国的观剧热潮，它讲述的就是因上海知青返城而导致骨肉亲情被割裂的故事。不过，杨启时的故事没有那么凄楚，当年他是拖家带口一起回来的。只是因为哥哥已经顶替了父亲的工作，他没有了回城落户的资格，一家人只能暂赴祖籍地江苏南通某农场工作生活，8年之后又调入了南通市。1989年，杨启时看到了回归大上海的第一缕曙光，当时有上山下乡政策纠偏：只要有监护人和适当的住房，每户知青上调一个初中毕业生或年满十六周岁的子女，即可以把他们的户口迁入上海。于是，杨启时儿子的户口落回了步高里20号前楼，与杨启时的哥哥成为了承租权的共有人。1998年左右商品房买卖刚刚试水，尚不成熟。在步高里，除了换房外，房屋也在尝试交割。当时一个正气的南向厢房要价7万，此后价格更是一路看涨。2005年，通过两家人的协商，杨启时卖掉南通的房子，又凑了几万块钱，以26万的价格从哥哥手里受让了20号前楼22平方米的承租权，这时房价已经整整涨了近4倍。儿子成为了户主，杨启时便顺理成章地回到上海投靠儿子，正式入住前楼，算是落叶归根。这时，离他告别步高里，奔赴大西北，已经41个年头。2008年底，杨启时抱上了小孙女。从此，两位老人平日就在儿子家帮忙带孩子，只在双休日回步高里打点一下日常事务。

尽管一生辗转漂泊，但杨老师在步高里度过的二十岁之前的那段青春岁月，却是宁静而美好的。随着岁月流逝，旧里弄日渐衰落，大不如初，产生追忆往日盛景的怀旧情绪，便是自然而然的事了。步高里的老人在继续创造价值，他们对文化遗产、对里弄生活的一往情深如若妥为加以利用，应该成为绝佳的、促使居民主动参与社区建设和遗产保护工作中的动力，这在杨启时身上就有着明显的体现。他是社情民意气象站站长、老年大学写作班学员、社区写作小组成员，还是居委会内部报纸《陕建家园》的踊跃投稿者，时常有文章、报道甚至诗歌在上面发表。2010年上海"世博"会论坛举办了"我的石库门记忆"博客大赛，杨老师以一首1400多字的诗歌《我同石库门》获得了二等奖：

石库门
你的一砖一瓦
就是一串串故事

在向我诉说衷肠
教我启蒙
教我做人
教我爱国
教我成长
时光荏苒
两鬓已染霜
我同你一起
再一次见证了
改革开放的
春秋华章

王高钊

19 号现在是步高里居委会的所在地，如果时针拨转 60 年，那里却坐落着一个里弄工厂，王高钊 15 岁到 21 岁的美好岁月正是在这里度过的。

1959 年上海曾经进行了全市范围内弄堂工厂的使用现状调查，将解放后弄堂工厂分为如下几个阶段：1949~1952 年的国民经济恢复期、1955 年底的大合营时期、1957 年底的社会主义改造、1958 年的大跃进。① 恰在第一阶段，1951 年，有四位老板找到步高里 19 号开了一间长城电工仪器厂。1952 年 1 月 7 日，15 岁的英姿少年王高钊走进了长城电工仪器厂，从此成为解放后至 1958 年大跃进里弄工厂发展的亲历者。王高钊属牛，1937 年出生在一个职员家庭，母亲早在他年幼时就离开了人世，他是个苦孩子，始终渴望大家庭的温暖。新中国成立后，六年级的王高钊看到哥哥参加了解放军，十分羡慕，就嚷着也要参军。无奈年龄太小，一直望到队伍在静安寺南阳路上消失，才垂头丧气地转过身，去学校继续上课，但他炽热的感情从未泯灭。因为助人为乐，王高钊曾获得了一个

---

①关于加强里弄工厂用房管理的报告（初稿）. 1959，上海市档案馆：A60−1−27

铁盖铅笔盒作为礼物，就在班级里搞了一次拍卖，模仿大人捐钱给抗美援朝的志愿军买飞机。等到小学毕业后，父亲认真地问起他未来的打算，王高钊干脆地回答："工作"。父亲托朋友将他领进步高里 19 号当练习生，这个决定无疑是正确的，王高钊的身份成了工人阶级。"我是工人阶级"，这句话在反映新中国成立后 30 年的文学作品中经常可以看到，它仿佛成为一道护身符，其作用在不久之后王高钊结婚申请时更集中地体现了出来。

长城电工仪器厂的郑老板对他潜移默化的影响颇大。1913 年出生的郑老板名叫郑有荣，是上海滩上的传奇人物，他从电料厂的学徒做起，20 世纪 30 年代在安徽创办亨大利无线电广播电台。其时收音机是极其奢侈的家用电器，懂得无线电技术的专业人员凤毛麟角。抗战全面爆发后，郑有荣抵达上海，以技术投资入股的方式创办了大新无线电厂，后又创办了万利电机厂，成为远近闻名的民族资本家，被誉为红色老板。[①] 步高里 19 号的长城电工仪器厂是万利电机厂的拓展，前四个字连缀起来谐音"万里长城"。郑老板作为最大的股东平日不怎么来厂，也不太爱讲话，但说出话来就分量十足。在王高钊的记忆里，郑老板向 20 多位在厂职工推荐过艾思奇的《大众哲学》。这是一本 1936 年出版，影响了千万中国人的马克思主义通俗传播书籍，"哲学的本身究竟是什么东西呢？哲学并不神秘难测，它在日常生活里随时随地都有踪迹……" 这是艾思奇对哲学的答疑解惑，也是步高里 19 号在解放初期的发展中瞄准定位、填补空白的生存哲学再现。在郑有荣眼里，取得财富是一种商战，即以商业的形式争取资源与财富，在这样的基础上建立了爱国主义立场，它代表了新中国成立初期民族资本家的普遍看法。

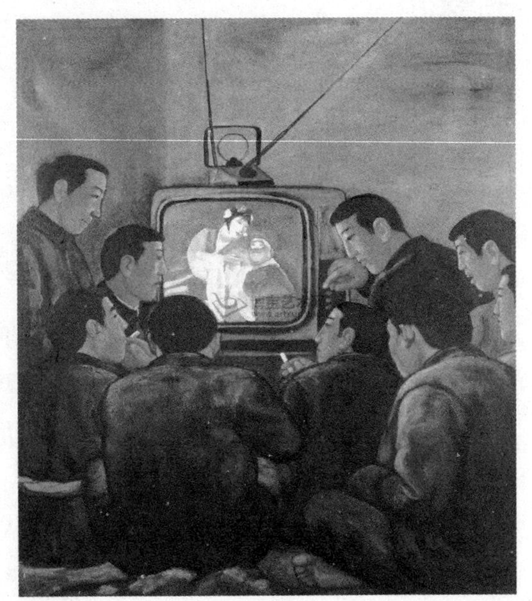

看电视

长城电工仪器厂是一家专营无线电变压器的工厂。上海在租界时期供电标准不统一，有

①国货路. 大江晚报·专刊，2009-11-12

大众哲学
（修订本）
艾思奇 著
人民出版社

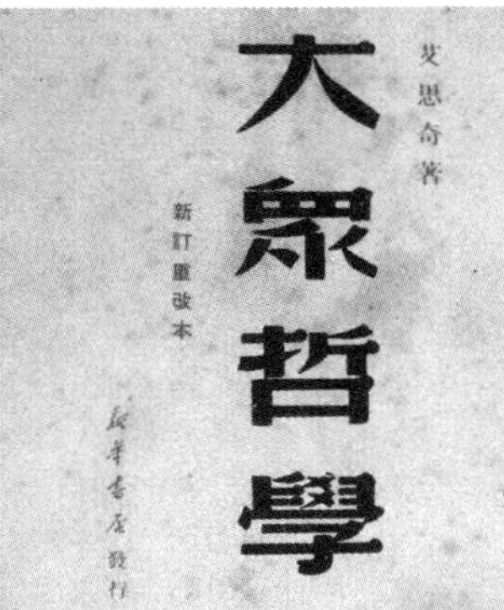
艾思奇著
大衆哲學
新訂重改本

艾思奇著
大衆哲學
讀者服務社出版

艾思奇著
大衆哲學
（重改本）
山東新華書店出版

DUSHU SHENGXO CHUBANSHE
DAZHUNG ZHEXYO
AISKI ZHU
大众哲学
1938 NIAN
12YE
DI 13 BAN
第十三版

大衆哲學
（重改本）
艾思奇著
新華書店出版

大衆哲學
（重改本）
艾思奇著
晋察冀新華書店印行

大众哲学
艾思奇著
DAZHUNG ZHEXYO
AISKI ZHU

大众哲学

《大众哲学》书影

110V 也有 220V。这使上海居民用电很不方便，因此需要变压器，市场十分广阔。郑老板请了一个六级技工和一个五级模子工，与其他三个合伙人共同出资 30000 元，开发变压器的模具，从零件到整机，配套成型批量生产。由于产品紧俏，销路不错。19 号底层的厢房和厨房均作为金工车间，摆置着车床、铣床、砂轮机、摇臂钻和磨床，前厢房和天井留出了储藏和货物运输的通道。前楼是装配车间，晚上收拾一下，王高钊和几个年轻的工友在此打地铺就寝。两个亭子间分别是储藏室和厨房，晒台上搭设了个棚子做饭堂。机器转动的噪声十分扰民，所以工厂一般晚上六点就收工了。周末的时候，将杂物清理干净，前楼就变成一块小小的舞场，伴随着《莫斯科郊外的晚上》优美的旋律，年轻人在机器与设备之间如鱼儿般游动着。长城厂的效益一直非常好，1956 年公私合营后直属仪表局，产品包产包销，更是大路通途。1958 年，厂里买了一台苏联产的红宝石牌电子管黑白电视机。其时中国人还处在赶英超美、“楼上楼下，电灯电话”的日子，电视机和有限的电视节目尚是高级领导人的专利品，距离普通百姓太过遥远。而今天，电视的重要性恐怕从人们家中摆放的位置就能看得出。“能唱会动”的电匣子早早地走进了步高里 19 号的屋里厢，这可能与郑老板的无线电嗜好不无关联，他经营企业也经营日常生活，算得上弄堂内的先行者。

闲暇

王高钊的事业和爱情起步在步高里的小广场和 19 号的车间中。1954 年民主改革，进厂仅三年的王高钊入团，不久又做起厂里的工会主席，成为工人阶级蓝皮书中所言的“奋不顾身的龙套”。1956 年长城厂公私合营并进了一个建錩电表厂，是一个 7 人合股，本金 3500 元的装配小厂，当年 24 岁的上海姑娘小于便是合伙人之一，身份定成小业主。她年长王高钊三岁，性格泼辣，因为吃苦耐劳，曾当选过卢湾区的三八红旗手。1958 年步高里小广场的“大炼钢铁”闹得正欢，工人们要到凌晨炼完钢铁才会兴致勃勃地收工。一次炼铁，王高钊的榔头敲在小于脚上，偶发事件提供了两人密集接触的机会，加之小于患有肺疾，作为工会主席的王高钊自然多予关照，两颗心逐渐贴近了。不过，通向美满姻缘的道路却是曲折的。王高钊 1959 年入党，成分为响当当的工人阶级，小于则不然，是个小业主，二人恋爱导致王高钊的入党转正拖至 1962 年。从收入上来看，长城厂的普遍工资要比国营厂高很多。王高钊的师兄做金工月收入 104 元，另一个师兄做装配工 90 元，均比曹杨新村的劳模做挡车工 65~70 元左右的工资高，这一方面反映了技术和知识的力量，另一方面与合营厂的待遇有关。王高钊的思想比较激进，1957 年"插红旗拔白旗"的时候，作为工会主席，他听党的话站出来贴大字报，说老板账目不清，结果反复查账，因为少贴了几张印花税的票据，老板就由守法户变成了基本守法户。就算王高钊是工人阶级的代表，老板还是有合理合法的方式"回敬"他："你是工人阶级中的积极分子，工资应符合劳动局的规定"。一打听，同一级别在劳动局是 2.3 个折实单位 65.9 元，王高钊的工资被痛快地刮掉一大块，生活受到影响。1961 年伉俪二人结婚，花 6 块钱在太仓坊租下了 6 平方米的亭子间，此后，栉风沐雨 50 年。

1959 年前后，上海启动了一轮里弄工厂的归并和调配，规定空厂房 500 平方米以上的由市房调会调配，200~500 平方米的由各主管局调配，200 平方米以下的由各公司自行调配，[①]里弄工厂大多是属于主管局或公司调配的。1958 年长城厂迁至太仓坊 32 号，直属仪表局管理，19 号划归步高里的里弄大食堂。郑有荣调入上海无线电二厂，后成为仪表局的领导，完成了通过爱国主义行动，将企业国营化的转身。1958 年上海科技大学（现上海大学）成立，1961 年短小精悍的长城厂整体搬迁到嘉定，成为校办工厂。王高钊在产业行政的岗位上一直干到退休，现居住在上海中部一个二室一厅的普通公房中。年轻时他最爱唱的是四川民歌《太阳出来喜洋洋》，今天依然是。他对过去的每一步都还满意，如今平淡的日子愈发显得恬静安然。家里的挂钟每隔半小时就要唱着歌报时，提醒王高钊该给老伴儿和即将归来的小外孙做饭了。

晾衣架风波

从嘈杂的城市道路进入相对封闭的里弄，展现在眼前是完全不同于外边的充满生活气

①关于加强里弄工厂用房管理的报告（初稿）. 1959，上海市档案馆：A60-1-27

息的场所，居民们晒被、种花、遛狗、捡菜、嬉戏、聊天、孵太阳、修理自行车，各得其所，亦各得其乐。“人们在快到家的某个地点往往会产生‘到家’的放松感……居民穿着睡衣外出，或倒垃圾或晾衣服或和邻居闲谈的行为发生较多”。[①] 步高里主弄与支弄交叉口的小广场，当初是为菜场而精心设计的，东西两侧布置了带有橱窗的店铺，广场近交叉口处是一眼水井。解放后，小广场的店铺货栈陆续迁出，此处的商业味消失了，但公共空间的职能并未减弱，这里是识别社区认同感和归属感的绝佳场所。大约在 1958 年，广场恢复了菜市功能，加之里弄大食堂的兴建，每天有成百人在小小的弄堂中用餐，小广场提供了腾挪的空间。1970 年左右，因广场要堆放拆换的煤气管，菜市暂停，后来，居民利用废旧的煤气管搭建了晾衣架，菜市自此再未恢复。

上海夏季多雨，冬季湿冷，黄梅天更是持续潮湿，因此晾晒衣物成为一项很重要的生活内容。于是乎，步高里小广场不多的几根晾衣杆，竟然成了居民们互相博弈、角力的地方——这在空间资源极其有限的里弄，其实也是常态。2009 年 10 月下旬，为了以新面貌迎接世博会，居委会请工人更换小广场的晾衣架。原先的煤气管长短粗细不一，搭接凌乱，拟换成统一制作，油漆一新的钢管。却因为新立柱布置了四米见方的平面格局，东北角比原来多加了一根，招致相近的 8 号住户的强烈反对，并力阻工人施工，谁愿意出门就看到一根铁杆呢？最终居委会不得不将该处已挖好的两个基坑填平，于旧杆原位设一根新立柱，上面加了一个斜撑，东西向的横杆到这里只能搭接在南北向的横杆上。立柱“矩阵”就这样缺了一角，它与现场地面的更改痕迹共同成为这次冲突的忠实记录。那位愤而力阻施工的住户一再强调必须恢复原来的样子，想来是唯恐空间格局的改变影响了原来的空间分配方式——毕竟这是公家出钱出力改建的，而不是像原先那样的居民自发行为，周边各家对于晒衣架的“领域感”因此都会有所削弱。若不及时抗议这种对个人“既有利益”的侵犯，在上海人嘴里就是不精明的“戆大”了。8 号在公共领域的分割中实际上遵循了“就近原则”保护家庭领地，不仅将自己的住房看作私有财产，而且把与住房直接相关的某些公共空间也看作了财产的一部分。通过这次“角力”，他重新确立了自家对这片区域的统治地位。同时，这次风波也再次向我们证明，这块小广场对于居民生活和交往有着怎样的重要性。

近年来，通过“大修”，外部空间的居住质量已经得到力所能及的改观，很多乱搭乱

①李斌. 空间的文化中日城市和建筑的比较研究. 中国建筑工业出版社，2007：79-80

小广场的晾衣架

温暖

人家

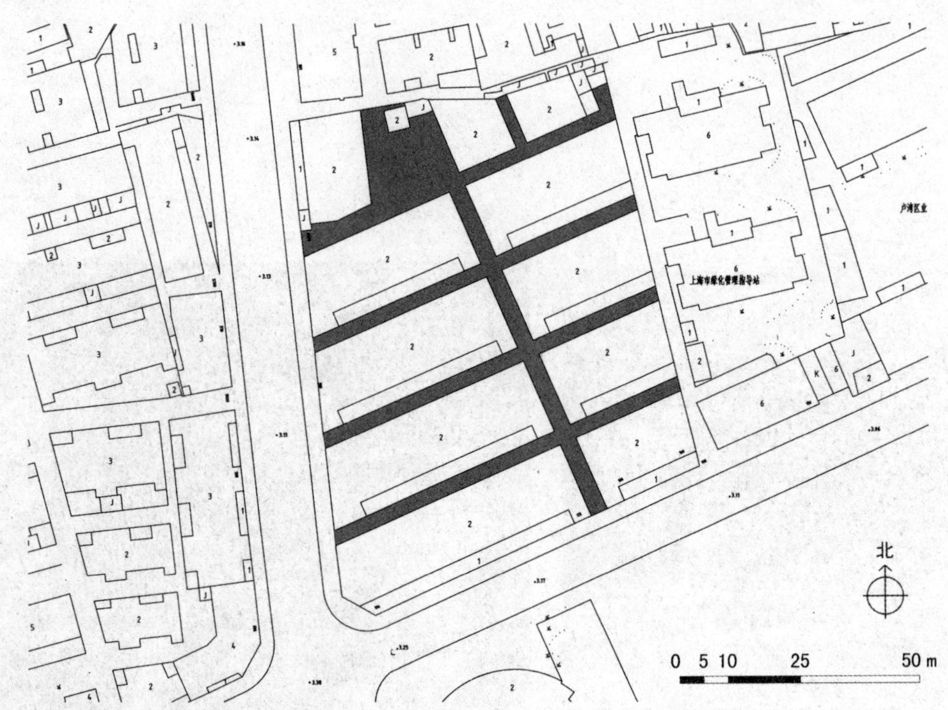

小广场与主次弄

建得以清除。空间松弛了，居民的关系也更轻松了生活中更多的细节和闲适也逐渐“滋长”起来。但如不能建立一种更为广泛、多样而有效的社会关系，那么在这有限的城市空间里，中心区传统居住形式的优势终将消失殆尽。城市建设一浪高过一浪，其标志之一就是里弄减少。仅剩不多的里弄中，人际关系也一点点呈现楼宇化的倾向。究竟户与户之间虽然时有矛盾摩擦，但却彼此连带、相互依存更好，还是相安无事却各不听闻，充满戒备与疏离更好呢？

6

改建的模式

攀援

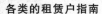

1951 年《街道里弄居民生活手册》书影

各类的租赁户指南

朱莲娟、杜翠玲及邻居们的信息虽然简略，不十分完整，但他们代表了不同年龄、不同身份、不同状态下的人们与上海产生的某种关联，蕴含着中国社会日常生活转型的历史信息。

石库门里弄层数低、密度高，整体表现为水平向延展的行列式分布。但户型演变过程中，面宽的减小、进深的加大、亭子间的错层处理、楼梯间的精简高效、屋顶设晒台等方面，又体现出向竖向空间发展的努力。晚期的石库门里弄均以单开间为主，在这一间一户的单元重复中，蕴含着从功能出发的设计逻辑，层高的巧妙变化，形成了主从有序的剖面轮廓，户型经济实惠。卢汉超在其所著《霓虹灯外：二十世纪初日常生活中的上海》中认为，上海虽然是中国最西化的城市，但普通市民的日常生活仍保持了许多传统的方式，传统与现代化并不是简单对立的，对一般老百姓而言，主要的问题是择善而从。① 步高里居民的各种搭建与改建大多与对竖向空间的利用和争取分不开，它们沿着原始空间的设计轨迹叠加，楼梯间、夹层、阁楼、晒台都是面积争夺的焦点，甚至还有人采用下挖地面这样的极端方

196 号外景，横看成岭侧成峰

①卢汉超．霓虹灯外：二十世纪初日常生活中的上海．上海：古籍出版社，2004.156~158 页

式，弄堂成为了弱势群体开辟生活空间的实验基地。大大小小的空间变革，有的是居民自发行为所致，有的源于政府推动，有的是这两者共同作用的结果。假如将弄堂建筑置于居民生活的实景中进行讨论，弄清有哪些空间利用实例，再将这些事实加以整理、分类、比较，可能会廓清步高里生活空间的演变与改造模式，并进一步推想出未来可能的景象。

基本类型

我们试着存良去莠，对朱莲娟及其邻居们的空间改造行为予以总结。

王绍周先生考察了上海里弄住宅的空间组织与利用，归纳为"小处大用"、"合理多用"、"无用变有用"等现象，总结了在房间分隔、屋顶加层、橱柜装修、楼梯上下空间利用等方面的十五种经验。① 还有学者根据文史资料列出了五种石库门房子最常见的改造结果，如：客堂间向前扩展，占据了原先的天井；客堂间分成前客堂和后客堂两间；后客堂顶棚高度降低，在后客堂的顶上和二楼的卧室之间多出一间"二层阁"等。

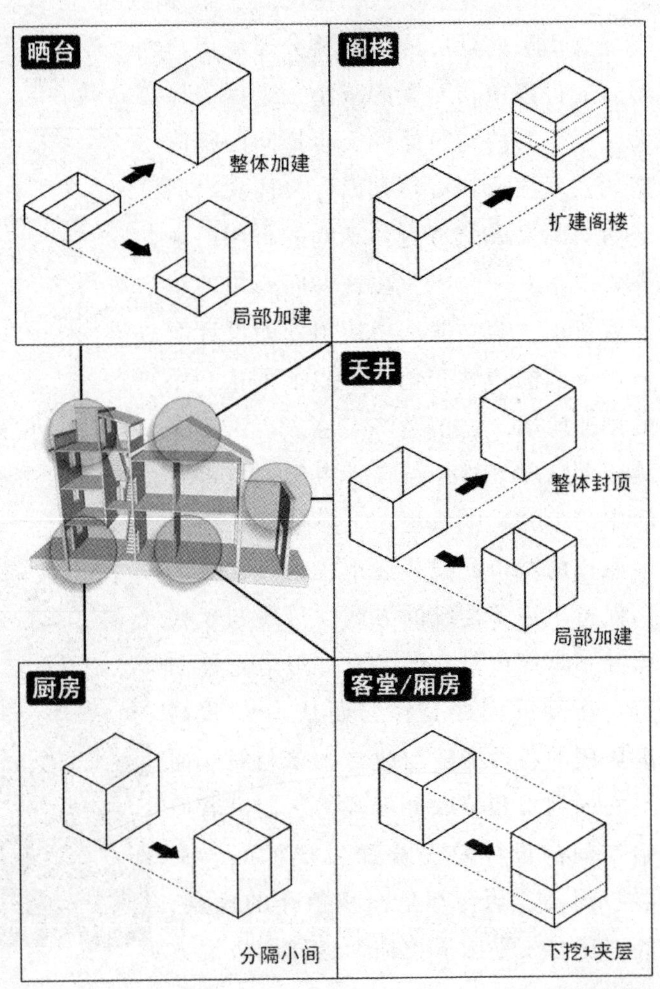

改建的模式

两相比较，前者失于细碎，有的实例较为特殊；后者则稍嫌

①王绍周. 上海近代城市建筑. 江苏：江苏科学技术出版社，1989. 108~112 页

笼统简单，不够全面。事实上，在里弄住宅中，一方面随着时间的推移、技术的进步，空间的改造利用之方法不断推陈出新，穷举不尽，以具体形式往往难以归类；另一方面，不同里弄的户型各具特点，使得各自的空间潜力的开发方式往往只能因地制宜，而并不普适于其他里弄。所以，这里尝试从更加概括、抽象的层面——功能与空间的变化及关系这一角度，对步高里主要的空间使用现状进行研究与分类。

通过调查发现，步高里有五大主要改造部位：客堂（厢房）、厨房、天井、阁楼、晒台——这五个名词，只是该空间最初的功能名称。在空间改造之后，其实际功能也大多相应发生了变化，不再与原来的名称相一致。从里弄住宅空间改造的目的和结果来看，通常不外乎功能或空间的更替和增加。为了便于阐述，我们可以先作以下几个代码的概念设定：

g——功能更替：即原功能消失，通过改造使之适用于一个新的功能；

G——功能增加：即原有功能保留并基本不受影响的情况下，在同一空间增加其他功能；

k——空间数量增加：即原有空间总容量不变，通过内部分隔增加空间个数；

K——空间容量增加：即原有的空间数量不变，仅扩大其中个别空间的容量。

里弄空间改造中功能与空间变化的代码设定图解说明

类别	代码	内容	图示	说明
功能变化	g	功能更替	A → B	新功能替代原有功能
	G	功能增加	A → A+B	原有功能之外新增功能
空间变化	k	空间数量增加		空间内部增加分隔
	K	空间容量增加		空间向外拓展
				调整内部分隔， 不影响被缩小空间的基本功能

上面的图表可以更一目了然地看清这四个代码的概念内涵：

这四个代码便是里弄空间改造模式的最基本因子。很明显，功能变化的两项代码各自可以独立成为一种模式，而空间变化则通常会伴随功能的变化，并且空间数量与容量的增加也可能同时发生。所以在实际操作中，这些基本因子会进行各种各样的组合，呈现出复杂的表象。

此外，还要对表格中空间容量增加的第二种情况作一点特别说明。原始的总体空间容量往往是超出原有功能所要求的底限的，因此，扩大被改造空间的容量可以通过缩小与之相邻的其他空间的容量而实现，并且基本不影响后者的原有功能。那么，这种发掘了空间容量"潜力"的改造也属于"空间容量增加"。

类型组合

下面将结合实例，通过排列组合，寻找出步高里的几种典型空间改造模式。

在朱莲娟的生活中，大致涉及了 6 种模式：

1. g+k——8 号厨房隔出小间，原来的厨房空间只剩下一条过道。

2.g——51 号晒台改建的房间。

3. g+K——1985 年对 16 号阁楼的"假三层"改造，降低前楼顶棚，抬高局部屋顶，扩大了阁楼的空间容量，变废为宝，无用空间成为"婚房"。

4.G+K——2007 年 16 号对阁楼的再次改造，扩大了可使用面积，有了功能分区。

5.G——16 号的楼梯平台处增设了盥洗盆，张月娟的房间人行高度以上做了吊柜，不影响交通、起居的情况下充分利用了空间。

6.G+k——16 号二楼的楼梯平台处隔出了前楼的卫生间，厨房里用轻质材料分隔了浴室、卫生间，晒台的一半建成一个卫生间，朱莲娟房内安装了抽水马桶，改造楼梯间顶层以放置杂物。

这 6 种模式恰好是四个代码按照实际情况可以形成的最基本组合，也是里弄建筑最基本的空间改造模式。事实上，有时同样的模式，却有着不一样的表现形式；类似的表现形式，也可能包含不同的模式——单调的字母组合背后往往有着不一样的空间画面。来看看朱莲娟的邻居们：

X 号主要有两种空间改造模式。厨房及客堂间夹层的空间改造模式为 G+k，即功能与空间数量均增加。前楼的空间改造模式为 k，即仅增加了空间数量，在卧室里增加了一间卧室，其实并没有功能的扩展。

20 号从室内和天井的格局看，其空间改造模式主要只有一种：G+k，即功能与空间数量均增加。

A 号空间改造模式自然也比较特殊：g+G+k+K。其所组成的空间办公与居住合二为一，扩大的空间复合程度高，成为一处迷你复式住宅。

21 号客堂间包括了模式 g、k+K、G+k 三种类型：天井改造成房间，是 g 模式；客堂间下挖地面，增加了夹层，功能还是居室，属于 k+K 模式；厨房有单独隔间，内设厨卫，为 G+k 模式。

事关出租改建

早在 1984 年，《论旧住宅的利用与改造》一文就有力地指出："住宅是城市长期发展的产物，不同年代、不同风格、不同经济条件的住宅并存，是城市发展的必然产物。不同标准的住宅并存是社会的必然结果，过去是这样，今后还会这样。"① 作为生活场所，步高里一定会不断变化、生长、新陈代谢，当然也就免不了对文物建筑原真性的侵蚀和破坏。这是此类建筑遗产双重身份固有的矛盾，居民不得不在相当长的时间内接受以文化遗产为家带来的不合理性。未来，石库门里弄全面改造、整治将度过一个动态、长期的历程，高低层次并存，不能期望一蹴而就。

世界上没什么事情是完美的，关键是权衡利弊，慎重选择，保护文物原真性的逻辑固然是圆融的，但具体执行上的罅隙随处可见。《上海市优秀近代建筑保护管理办法》规定"不得变动建筑原有的外貌，结构体系，平面布局和内部装修"，在不改变现有制度的情况下，有没有办法解决实际生活问题呢？答案取决于你问的是谁，以及谁来解决问题。体制是人与人关系的构成，其实有很大的弹性，关键在于从何种角度出发，去与关注的利益主体交流。1997 年，步高里曾有私装电马桶居民被人以违反"文物保护法"为由告上法庭。② 但多年后政府主持的马桶工程，尽管只是利用了卧室空间一个 0.6 平方

①上海市房屋管理科学技术研究所. 论旧住宅的利用与改造. 建筑学报，1984 (9)

②上海有线电视台新闻财经频道 2000 年 11 月 6 日《社会方圆》栏目

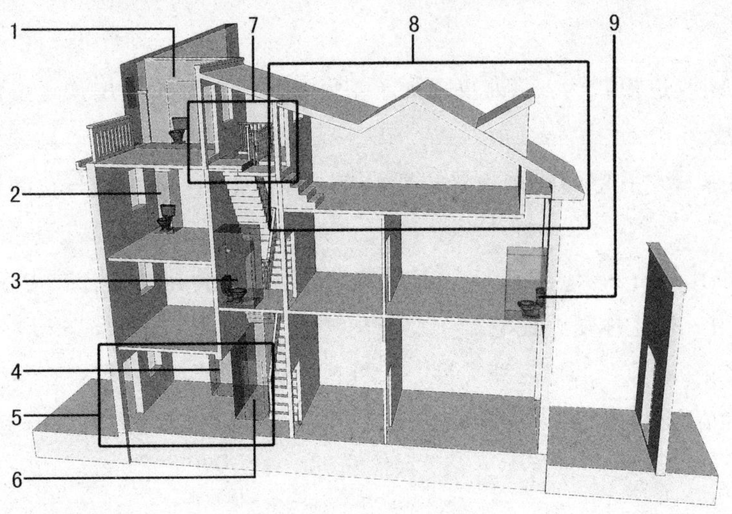

1. 晒台原有的屋棚封闭改为浴室，并安装了电马桶；
2. 朱莲娟房内安装了专利马桶；
3. 楼梯平台处装着前楼住户（朱莲娟女婿的哥哥）的电马桶与洗漱盆；
4. 前楼住户增建的淋浴间；
5. 厨房经过改造，整治一新；
6. 二楼亭子间住户的“多功能”隔间，内有灶台、淋浴，楼梯下部空间安装了电马桶；
7. 楼梯间顶层加装了栏杆和搁板，利用上部多余空间放置杂物；
8. 相比个别抬升了整个主屋屋面的住户，16号的阁楼改造并不算大工程；
9. 前楼房内安装了专利马桶。

16 号朱莲娟的改造方法

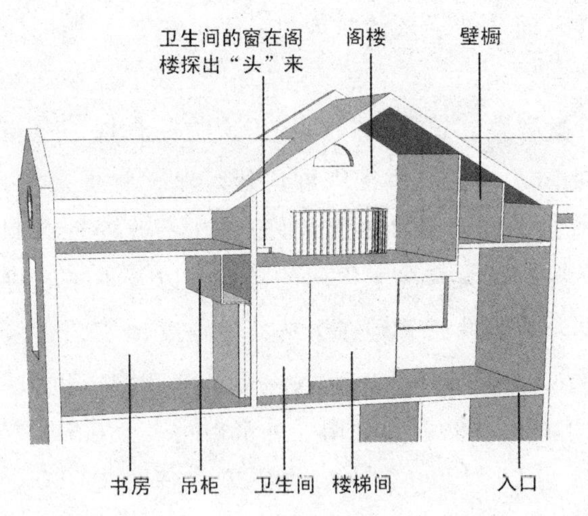

A 号改造

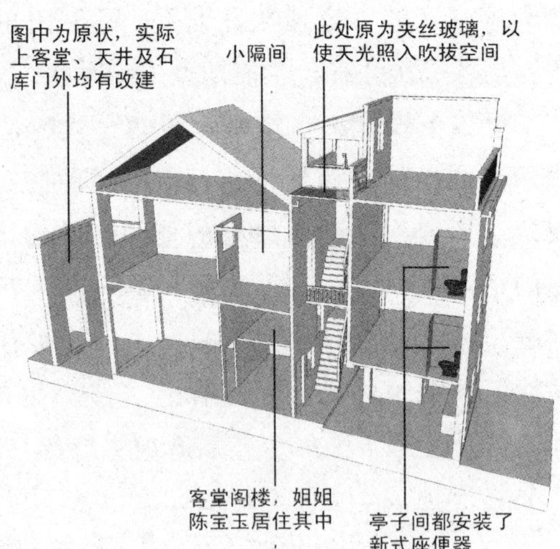

X 号改造

米的角落，同样“破坏”了文物，这就是遗产保护制度向现实妥协的结果。居民们普遍的、大量性的改造背离了制度设计，但从长期的发展来看，里弄合理利用十分需要居民的力量，否则政策只能拘泥于极其有限的范围，无法有效地整合进活跃的社会生活。如果在严格保护建筑外观的前提下，有条件地鼓励居民对内部开展合理的空间改造，相关部门对此加以适当引导，那么其结果将恰恰相反——在某种程度上，更体现了居住建筑本身生长的真实性。

1951年，上海出版过一本《街道里弄居民生活手册》，开篇即提出我们的工作“必须一切从居民利益出发，必须启发群众的觉悟，使大家认识到组织便是力量”。进而对弄堂防疫、防火、开展体育活动、新婚教育等进行了分门别类的阐述，是早期上海里弄日常管理的导读文献。[①] 无独有偶，早在1933年，为了配合国家社会住宅的日常管理，英国伦敦郡委员会（the London County Council,LCC）散发了《承租人手册》（The Tenants' Handbook），作为一种租赁户的行动指导准则。它强调了二十种租客应该保持的习惯，如不要将衣物挂到窗外、一周清洁一次窗户、保持花园整洁，每年都会颁布一个最佳花园奖，鼓励人们充分享受日常园艺的乐趣。战后，这种租赁手册在欧美多国均成为一项服务与被服务的规范出现，涉及报批管理、维护历史建筑特征、保持房屋安全与清洁卫生、声光与隔音控制、结构稳定性、门窗细部、实施工艺、紧急处置等方面。1895年成立、英国久负盛名的国家信托（the National Trust）承租人指南中，尚有一条：如何做个好邻居。[②]

上海缺乏这样一份使居民和管理者心中有数的“租赁指南”。通过对林林总总的空间改造现状进行观察分析，这里试图将这些改造模式引入到优秀历史建筑管理工作中，加以规范化、制度化，使《上海市优秀近代建筑保护管理方法》中语焉不详的所谓“内部适当的变动”变得更具体化，在管理上具有更强的操作性。制定“指南”尚需要技术支撑，作为一项长期的规划，石库门改造技术研发的关键是对业已积累的官方、居民有益改造经验的汲取，涉及基础设施、结构、材料、建筑物理、消防、施工工艺等诸多方面。要用系统化的方式，提高改造的标准化程度和工作效率。作为建成时间集中、标准化极强的一种集约型近现代建筑形态，里弄十分适宜推行维修技术的标准化和制度化，且目前亟待开展，这与当前大量存在的居民自我改建行为并行不悖。在技术研究的基础上，可以编写一部优

①街道里弄居民生活手册. 上海：新闻日报馆，1951：17

②The National Trust. The Residential Tenants' Handbook, 2009

秀里弄建筑保护的实施手册以及配套技术标准，对于居民自发的空间改造做好“租赁指南”。具体涉及两方面的工作：一方面，保持规则的刚性、明晰，凡未列入“适当的变动”的行为皆严格禁止。文化遗产常常以“不合理”的方式存在于我们的生活中，绝不放任非法改变更会增强居民的归属感和建筑保护的主体意识。另一方面根据前面的“空间改造模式”对所谓的“适当的变动”进行分门别类的具体描述，明确哪些行为是适当的，具体应该怎样实施，有哪些关键性的技术门槛，使管理者和居民都心中有数，甚至可以提供部分修缮基金。这样的设想，也许算是让前面对居民改建“模式” 煞有介事的总结有一个踏实的落脚点吧，否则，就只是用来锻炼抽象思维能力的一纸空谈了。

7

居委会像个筐

头顶

步高里弄堂运动会与修理日

19 号是居委会、24 号是老年活动室，2011 年初居民委员会隔壁 20 号又开出了一间社区公益站。这里位于步高里的交通要道，毗邻小广场，居委会设于此处，颇能显示出其公共事务中心的地位和形象。

流金岁月

上海在 1951 年以梅芳里为试点，成立居民委员会，并逐渐在全市推广，步高里居委会便是其中之一，它所面对的不是单位体制下的单一结构社区，而是五方杂厝的小社会，更需要以集体的力量统和各种人群。步高里的首任居民委员会主任叫劳怀玉，50 开外的精明男人，据说是著名民族品牌“无敌”牌牙粉的老板之一，人很活络，也有广泛的人脉，其时居住在步高里 15 号。这说明在居委会建设之初，选择干部来源是慎重考虑的，居委会绝非一干家庭妇女在党的领导下草创而成，而是选取具有职业背景，工作能力强并居住在弄堂内、可担负起重任的居民，兼顾了家庭与社会的双重背景。步高里最初的 5~6 名居委会干部几乎均是兼职，男多女少，仅杜翠玲一人是家庭妇女，她最初是义务工作者，1958 年成为拿工资的里弄干部。

1959 年，陕西南路 271 弄、建西、步高里三个居委会合并成陕建居委会，办公地点初设于陕西南路 271 弄 11 号，后转移到建国西路 158 弄。解放初期居委会虽然成立了，可召集居民开会，常常今天这里，明朝那里，没有一个定所。很多时候，各家的户长只好自带竹靠椅、小矮凳，在大弄堂排排坐，开露天会议。[①] 步高里因为有一块小广

20 世纪 50 年代的步高里幼儿园

①张伟群. 上海弄堂元气：根据壹仟零壹件档册与文书复现的四明别墅历史. 上海：上海人民出版社，2007：68

张家宅的幼儿园小朋友在搭“江南造船厂”积木

场，一直用于纳凉晚会、居民大会等，场所相对较为稳定。

1958年上海在传统社区进行了“公共化”的组织形式实验，大食堂、里弄托儿所、里弄工厂，使上海的“城市人民公社”在全国率先普及，建筑功能见缝插针，弄堂作为容器承载了生活的多样性，也体现了一种依靠集体意志锤炼出的速度和效率。尽管居委会的办公地点不在步高里，但是弄内拥有大食堂（16号、17号、18号、19号）、幼儿园（176号）、图书馆（52号）、社区乒乓球室（19号，大食堂搬走后）等多种社区公共空间；此前，弄内19号的长城电机厂、12号和1号的八达仪表厂等企业名为里弄工厂，管理上与街道和居委会却没有任何联系。这种里弄空间的功能混合是一个“无阶层化”、去商业化、去市场化的完全渗透了国家意志的生活空间。

1960年起连续三年的自然灾害，中国的经济陷入低谷，厉行节约成为一项十分重要的国策，由于二三十年代是上海石库门里弄的建设高峰期，至20世纪60年代，房屋普遍进入了大、中型修缮的高发期，资金缺口大，只能降低成本，开源节流，主要在日常小修上多想办法。除了“过紧日子”外，资源节约进一步扩大到人力资源的节约——1959年9月上海市房地产管理局委员会发出《关于房屋较多的里弄建立“群众养护小组”》的通知，提出“以服务为中心，修理养护打先锋”的具体行动口号，在里弄住宅生产组的基础上形成“群众养护组”，油漆、粉刷、调换门闩等小修小补，经过指导后群众自己去做。专业的维修培训如自来水漏水、电灯失灵、门窗损害、墙面脱落、屋顶漏雨等要先学一种工种，再向多面手发展。① 步高里居委会倒没有这样一个养护组，而是办了一个缝补组，帮

①关于房屋较多的里弄建立“群众养护小组”的报告．上海市档案馆：B258-1-445-3

助居民解决孩子多、衣服破得快的燃眉之急。一方面是因为居委会的女干部居多，缝补组操持起来更为简便；另一方面也至少说明在20世纪60年代，步高里的建筑质量尚可，维修矛盾并不突出。

到了20世纪70年代至80年代初期，“生产小组”再一次成为里弄的关键词，它组成了城市中一个很重要的就业蓄水池，积蓄了大批城市社会青年。居委会在街道的指导下所办的生产组内容可谓五花八门，绝大部分承担“分一杯羹”性质的最后一道生产工序。与20世纪50年代的里弄工厂相比，至多属于小作坊：44号是个剪刀装配组；19号是个皮鞋组，为卢湾皮鞋厂的对口单位，负责给皮鞋上光；52号是个仪表组，将仪表最后擦干净、装盒运走；168号为体育运动商店专门印制吊衫的胸前标志；42号是个线圈组，为无线电加工线圈。里弄生产组虽然是以邻里为基础形成工作单元，但事实上参与者并不平衡，步高里居民似乎并不热心，大部分青年通过“顶替”进入父辈的工厂，还有小青年挑灯夜战复习高考，参加作坊生产的以低能、弱智青年及中年家庭妇女居多。由于参与的人数不够，为完成上级摊派的就业指标，居委会时常要上门做思想动员。20世纪80年代末，乡镇企业涌现，国营厂朝不保夕，步高里生产组所承担的最后一道工序也就自然消亡了。少数的生产组通过合并升格为街道工厂，直接划归至卢湾区手工业局管理，成为了全民所有制的企业，是当时大家都挺向往的。[①] 1984年，步高里的线圈组与陕西居委会、绍兴路居委会的生产组合并，共同组建了长征电信厂。这段时间构建的社区和谐建立在有限的经济基础之上，安排社会青年就业是重中之重。

1985年初，陕建居委会改组，分为陕西南路与步高里两个居委会，居委会首次正式落户步高里弄内28号，1996年搬到目前的19号。其后，基于社区管理和资源集中利用的考虑，加上旧区改造、居民动迁及新小区的建成，各街道居委会屡有变动。现在，瑞金二路街道共有16个居委会，步高里属陕建社区居委会辖区。社区日常管理如毛细血管深入肌肤，构筑成网络，是经过多番尝试后，上海里弄行政管理的有效模式：居委会处于承上启下的核心，它是最接近居民的邻里组织，依赖并对上级政府街道办事处负责，步高里属于瑞金二路街道，也是卢湾区的重要外事窗口。从更大的范围来俯视，街道办事处是上海市区级政府的派出机构，在居委会协助处理“与居民利益有关的”工作时，街道通过与房

①在全民所有制和集体所有制中，里弄生产组算是小集体所有制企业，即集体所有制中的大集体与小集体中的一种，工资和福利与正规企业相比差距明显。

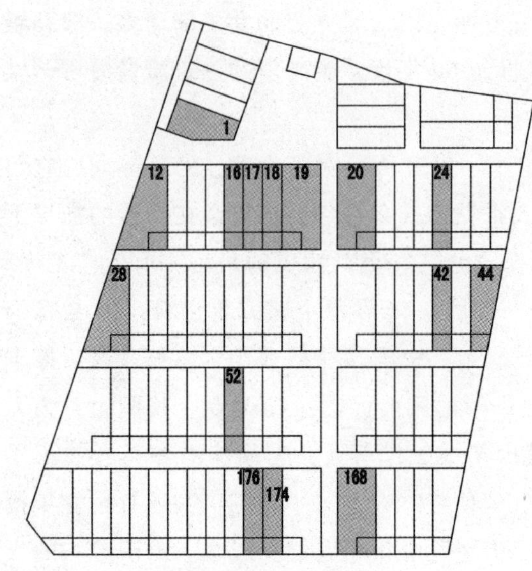

20 世纪七八十年代弄堂生产组的大致分布

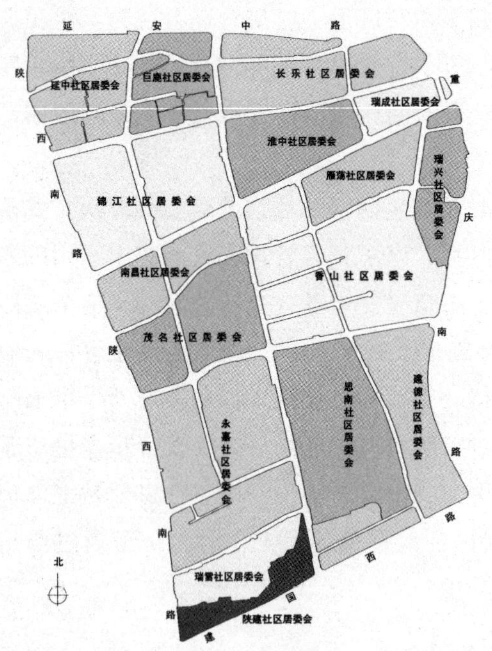

瑞金二路街道各居委会位置，西南角为陕建居委会

管、文物、环卫、工商、派出所等部门协调，向居委会下放一定的权力，提供必要的经费。步高里居委会除了办公空间外，20 号一楼的公益站、24 号的会议室也是街道要求下属各个居委会必须配备的办公场地，若居委会场地不够，需从居民手中租赁，则租赁费用可在街道报销。

“块”与志愿者

居委会日常工作犹如一个箩筐，什么都向里装，事无巨细，内容庞杂，就需要将工作对象细分，条块化、网络化。居民小组网络具体是这样建设的：步高里所属的陕建居委会内部工作划分成 6 个“块”，其中步高里占 2 个“块”，即陕西南路 287 弄 1–55 号为一块、陕西南路 287 弄 56–61 号与建国西路 158–196 号（双号）为另一块，下设块长。与新建商品房楼盘的封闭式管理相比，小区社工习惯于通过打电话、门铃喊话传递信息，而里弄干部“分块到人”，利用喇叭、黑板报、宣传栏、社区报纸、横幅、宣传手册进行动员，并依然保持着走街串巷、挨家挨户传递信息的工作习惯，方式方法十分灵活，在弱势群体为主的旧式里弄社区中享有很高的威信。譬如 2007 年步高里启动了事关百家的马桶工程，在整个工程开始前，居委会组织并会同房地、物业的有关人员带领了48户的居民代表，参观了“改造样板房”和合坊。接着又安排居民们在老年活动室开“听证会”，听取物业有关方面对新式坐便器的介绍，打消居民顾虑。随后，采用条块结合的方法，由社工们分头将“马桶工程”的情况传达到每家每户，做好解释沟通工作，这个工作持续了近两个月，相当琐碎与繁重。居委会的人手一直十分缺乏，就需要扎根群众，建立一支党员、退休职工和居民积极分子组成的志愿者队伍。步高里居委会开辟了多条送达爱心、传递文明的渠道，70多位志愿者被组织在民情气象站、公益站和科普小组内，人们找到了社交圈和情感交流的场所。这说明社区公共文化是可以建设的，其中积极分子的培养与参与，构筑了网络，对工作的顺利开展至关重要。美国著名的社会学家艾尔·巴比（Earl Babbie）近期也敏锐地指出：“中国人对居委会放心，对陌生人警惕，是因为他们确信这样受到伤害的可能性可能更小一些。”① 居委会是新中国史诗般宏大图景中上传下达的纽带，在一系列政治、政策动员中扮演了国家和社会的双重角色。②上海里弄利用半个多世纪积累下的社区文明力量绝不可小觑，社区精神和文化仍旧会使房子保持它的魅力。

20世纪50年代某弄堂大扫除

想起大扫除

今天的里弄与20世纪90年代之前相比依然有一个明显的差别，解放后至20世纪80年代初期，30多年的时间里，上海成千上万条的弄堂有一个惯例：每逢周四上午，居委会一摇铃铛，就将全弄堂的人喊出来，在里弄干部带领下，灭蚊蝇、除垃圾、扫公厕、冲水

①艾尔·巴比谈社会调查的职业伦理. 东方早报，2010-10-31

②张济顺. 上海里弄：基层政治动员与国家社会一体化走向（1950-1955）. 当代中国史研究，2004（1）：45

扫地，进行弄堂大扫除。通常在这天，区内的中小学生也会安排劳动课，参加义务清扫。这一次次依托于组织的整个社区秩序的演练，使弄堂内外环境焕然一新。今天则不同了，昔日的大扫除是相似的文化水平、工作和生活方式创造出的一种亲密的邻里交往方式，可随着居住人群的变化，现在的社会认同感大为减弱。从20世纪80年代初开始，大扫除慢慢取消，变成了居委会雇人打扫。近年来，大事件的间歇式推进逐渐取代了以往常态化行为的渐进式积累，即便是一年一度的邻里节，其周期密集度和全民参与程度显然也是不足的。尽管大家也意识到这一点，步高里设置了多个老人的固定交往地点，如20号的公益站、24号居委会会议室及邻里互助组60号居民家中，不过内容和形式所达到的效果怎能与昔日的大扫除相比呢？诸如大扫除这样的活动是城市生活的一部分，就如同路易斯·芒福德所讲的“露天剧场”，当人们走过路过，不用停下脚步就能看见它，感觉它，而不用带着目的性地进入某个空间去接近它。

8

主角儿

孵太阳

撑

站在终点回望过去，总有很多细节会被拼凑成原因。这里将重新回到孪生姐妹步高里和建业里身边，看看她们如何从一对海派建筑特色的标杆，在近十年中走出了完全不同的生存之路，甚至渐行渐远，直至今天的殊途陌路。步高里期望通过配套整修和改造而“延年益寿”，建业里通过置换与改建期望“凤凰涅槃”，重获新生。在主要来自资本或政治力量的推动下，两者以不同的“空间生产”方式，饰演了“城市事件”的主角，并都成为了媒体的宠儿。

“半亿”豪宅

1990 年，上海市房产管理局颁布《上海市房屋建筑类型分类表》，将居住类建筑分为六大类若干小类，其中建业里点名成为“建筑式样陈旧，设备简陋，屋外空地狭窄，一般无卫生设备”的旧里。尽管 1994 年建业里被列入上海市第二批优秀近代建筑、市级建筑保护单位，[①] 但 20 世纪 90 年代初对建业里的描摹依然是从物质实体而非文化内涵的角度出发的。1998 年进行的中荷合作徐汇区 58 号街坊（旧房）改造规划，目标定位在通过价值评估，分阶段推进旧区改造上。徐汇区 58 号街坊位于建国路、岳阳路、永嘉路之间，拥有成片老洋房、新里、旧里、一般性公房、高层住宅，共分成 14 种建筑类型。其中 9 号地块建业里为改造部分，西里保留并整治；东里与中里拆除，严格规定建筑高度，新建筑控制为 4 层住宅。拟动迁 398 户，1154 人，户均建筑面积 6.7 平方米，人均建筑面积大于 26 平方米。[②] 规划时效长达 20 年，分为 2007 年、2017 年两个主要阶段。在组织模式上，规划建议借鉴鹿特丹市规划重建局的经验，统一对旧区改造项目进行管理，设置开发公司，获得政府的补贴，不以赢利为目标，在控制建筑标准和造价的基础上完成改造任务。遗憾的是，政府没有出手，土地批租的巨大效应尚无显现。此时住房商品化虽紧锣密鼓，但市场清淡，建业里新建住宅四层的容积率利润空间不大，成为开发商的鸡肋。处于当时的条件，政府和开发商均无力实施该项目，从拆除新建的空间格局、建筑形态、户型上看，也较为呆板、缺乏前瞻性，即便与后面提及的新福康里相比，差距也较大。

---

①2004 年，原“市级建筑保护单位”统一更名为“优秀历史建筑”。

②上海市徐汇区 58 街坊旧区保护与发展规划（总报告），1998。这一人均数据与后面提及的新福康里相比，标准略高，但大体一致，是可行的。

建业里拆除与改造后

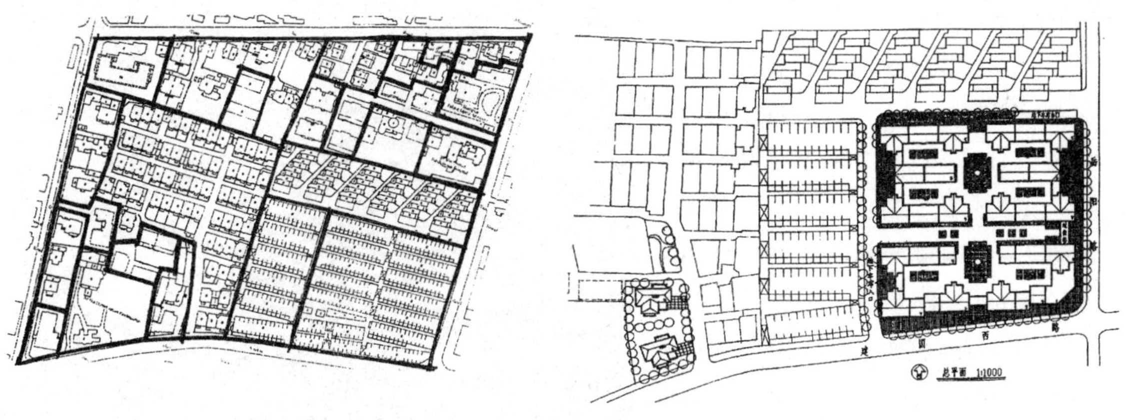

1998 年中荷合作建业里区域建筑分类图、建业里改造地块图

确实地说，建业里的改造思路是随着优秀近代建筑的概念诞生、风貌区保护工作的深入开展而不断明朗的。2004 年建业里与步高里两处石库门里弄均被列为《上海衡山路—复兴路历史文化风貌区保护规划》中的保护建筑，处于核心保护区中，适用于保护要求级别最高、最严格的保护措施。与风貌区同步进行的是开展成片保护试点，从单体建筑转移到成片、成街坊的保护案例上来。黄浦区外滩源、卢湾区思南路 47 号街坊、徐汇区建业里等 8 处分布在上海各区的成片改造试点启动，基本一区一案，其中居民外迁、功能置换的案例占主导地位。2003 年 8 月~2006 年 3 月，原建业里居民 254 户全部搬迁完成，改造方案设计招标也结束，最终约翰·波特曼建筑事务所（JPA）中标。“波特曼”的优势在于善于在建筑师与开发商之间搭建桥梁，商业、宾馆等地产项目屡获佳绩，享誉海内外，但在文物整修和改建的项目上，它尚缺乏成熟的经验和作品。因此，波特曼中标后，如履薄冰，十分谨慎，出资并聘请上海章明建筑事务所进行了建业里历史图档的研究。

在设计方案不断深化的同时，由于缺乏资金和运作经验，强强联合、组建合资公司成为当务之急。2006 年初，徐汇区政府在“历史文化区风貌区保护研究”报告中明确指出，要“以建业里项目为试点，形成政府扶持、企业运作的市场化运作机制，推进衡山路—复兴路历史文化风貌区、龙华历史文化风貌区的保护利用”。随即，上海衡复置业、罗事房地产联合海外著名投资机构波特曼海外、花旗集团共同开发建设建业里。上述各投资股东中，2005 年组建的上海衡复置业有限公司值得我们关注，它是区政府授权的、由上海徐房集团有限公司与上海徐汇区国资公司共同出资成立的一家房地产开发企业，对风貌保护区内的历史风貌建筑资源进行统一管理和开发。政府扮演了管理者和开发者的双重角色，与改造目标的设定和具体实施有着极为密切的关联。尽管在整个持股比例中，根据采访[①]，花旗银行和波特曼海外占主导地位，合计约占 65%，上海衡复置业有限公司约占 35%。但项目启动前，建业里产权属于上海徐房集团有限公司。且 2003 年项目伊始，合资开发公司成立之前，有理由猜测组织居民动迁及动迁的部分费用应该是由政府出资解决的，既非“衡复”，更非海外资金。在资金投入上，土地财政是政府最大的收入来源，建业里在土地转让方面获得了很大的实惠，一方面是 2003 年左右项目起步较早，另一方面与国有企业的直接参与且没有竞争对手相关。

新福康里

2008 年 12 月，该项目作为迎“世博”600 天重大工程、上海市第一批保护整治试点项目正式开工。如前面“对照记”中分析所述，建业里 1929~1931 年分批建造完成，建筑质量差距较大，西里的质量和舒适度优于中里和东里。最终的方案是西里保留并整治，东里与中里拆除重建，增加了两层地下空间作为车库和家庭娱乐区。新的建业里拥有 79 幢公寓式酒店、51 户住宅，建国西路沿街将建设 2000 平方米的餐饮、零售业，物业办公面积也将达到 1300

①每日经济新闻 2012.2.14

平方米。[①] 合资公司向徐房集团购买了建业里产权，下一步即可完成高端商品房的出售，酒店、办公与商铺的招租。

项目进展并不顺利，优质地段彰显了人的身份，历史信息带来了独特的品位，建筑功能与建筑主人统统洗牌，必然带来尖锐的问题，导致历时10年的原住民与开发商的博弈。建业里2003年进入筹备，恰恰此时，上海的房地产发展带动房价进入了具体的提速通道，这就预示着建业里几乎不可能就地安置原住民。1998年6月，我国取消了福利政策下的分房制度，住房市场化和货币化的时代在其后近十年内长足进展，对里弄社区稳定产生了很大的冲击。这段时间前后也是上海石库门里弄改造、更新探索最为活跃的阶段，某些成绩借助天时地利，不可复制。以上海静安置业股份有限公司为主导的新福康里是上海原住民就地安置的案例，居于上海静安区的老式弄堂福康里被拆除后，在原址上兴建了逐层后退、容积率2.87，建筑密度43%的住宅。[②] 通常的石库门里弄建筑密度在65%，容积率在1.45左右，新福康里的土地利用强度已经远远超越了老式里弄。在实际操作中，原来的1500户中约50%原居民回迁，每户基本得到70平方米的住宅，此事件作为居民回迁的实事被广为赞誉。然而，新福康里是制度设计的产物，实效时间极短。2001年初，上海市政府发布了《关于鼓励动迁居民回搬推进新一轮旧区改造的试行办法》。据此，开发商享受出让金为零、减免行政事业费用等政策，促使动迁居民出资回搬，原住房建筑面积拆一还一部分，按公有住房出售政策购买。这个十分宽松的政策不到一年即被取消，开发商不再享受优惠政策，它是房地产腾飞前特定时代的结果。以居住为核心，以原住民不搬迁为前提的改造本身需要受到政策的极大扶持。

由于安置房地处偏远的外环线附近、补偿款远低于市场价格，一个个红色的“拆”字，在建业里居民的眼里愈发地触目惊心，一部分人在没有被妥善安置之前，冒险选择留了下来。对此，徐汇区法院公示了这样一份处理结果记录书：2006年3月15日，区法院在分管院长指挥下，出动法官、法警及其他工作人员50余人，各类车辆11辆，在有关部门的配合下，按照制定的强制执行方案，将影响“建业里”保护改造项目的10户居民强迁完毕。该案申请人上海徐房集团为对该处优秀建筑实施保护性改造，于2005年7月1日诉之区法院，要求确认其与被告杜健等17户居民之间的房屋租赁关系于2005年1月解除，

①张如翔，缪玮. 建业里保护整治试点项目的设计. 上海建设科技，2008（3）：9

②周俭，张波. 在城市中寻找形式的意义——上海新福康里评述. 时代建筑，2001（2）：45~49

被告立即迁至搬迁安置房屋。此次建业里案件的审理和执行，是上海市首例通过司法途径落实《上海市历史文化风貌区和优秀历史建筑保护条例》，成功解决市级优秀历史建筑的保护与改造问题。①

九牛二虎、一波三折，开发商和设计者均不愿看到改造项目的失败。在城市中心区房屋与土地价格不断攀升的大好形势下，在没有先例、缺乏制度保障、缺少传统工艺与匠人的制约条件下，开发商必然有耐心等待修缮策略不断深化，项目也必

花旗投资　外滩3号设计师操刀

沪最大新里“建业里”改建启动

全明星阵容

《文汇报》关于建业里的报道

须认真做好档案记录、原始材料分类搜集。令人颇感意外的是，工程伊始，施工队拆除违章搭建，早已合体的新旧历史信息，瞬间就被肢解了。面对质疑，被拆掉的屋顶又匆匆盖上了，某些就成了“原样”。战鼓咚咚，催得人心惶惶。2008 年底，迎世博 600 天将建业里拉上了献礼工程的快车道，原居民对动迁的极度不满导致了时而卷土重来的冲突，它们均打乱了项目的脚步。门禁式的施工现场使整个改造过程缺乏社会监督，赶工期更带来假古董的诟病。遗产保护若即若离，建业里驱赶人群、追求高端的目标却一贯而至。光阴荏苒，2010 年 3 月 12 日《文汇报》撰文《“建业里”变身“半亿”级豪宅》，建业里首次撩开了面纱，二三百个字简单报道了新建业里基本建成，其别墅预计每平方米售价 13 万元的消息。除了开篇“邻里之声相闻的石库门已经渐行渐远了”透露出一丝叹惋，文章并未加半句点评。在当下贫富差距加大、住房问题突出的语境中，用如此吸引眼球的夸张标题来宣传这个未来少数富豪的领地，别有意味。

①上海徐汇区法院《建业里顺利结案》告示书，2005,1,15

马桶工程

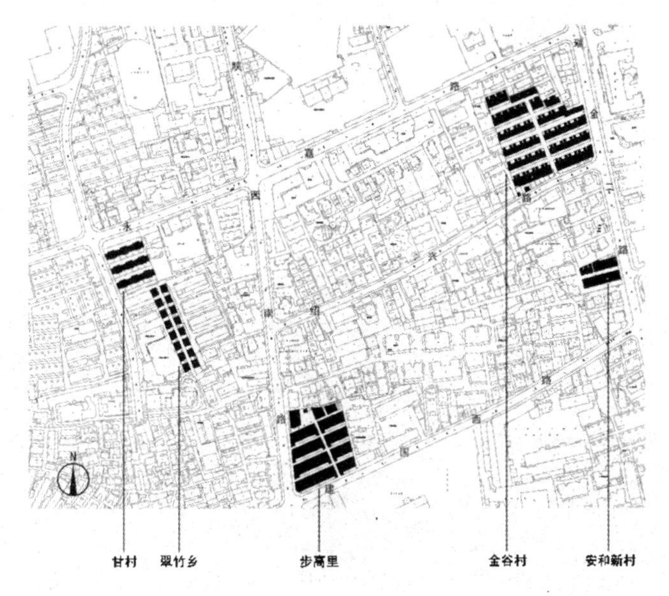

步高里的相对位置及周边历史建筑分布

2007年春天，建业里改造工程正式启动前夕，步高里开始卸去妆容，还以素面。在这个名为“卢湾区步高里等旧式住宅小区厨卫改造工程”的项目中，政府对内部厨卫水电设施、公共部分的消防管道和室外场地进行了大力整治，因此又被居民称为“大修”。“大修”的建设单位为卢湾区政府采购中心和卢湾区房屋土地管理局，属于政府实事工程。政府共拨款550万，市文管会还破例拨款100万作为专项经费补助。工程中，一种配备新式专利底座的坐便器使居民们告别了几十年来倒马桶的日子，生活质量得到提高，所以“大修”还有另一个雅号“马桶工程”。

马桶工程的前身可追述至20世纪80年代初怎样改建里弄的讨论，上海市曾经本着实事求是的精神，做了大量性的基础研究。上海市房屋管理科学技术研究所于1983年发表《上海市里弄住宅有效利用问题——技术经济评价方法》，该研究搜集了2300幢住宅进行了概率分析，为旧住宅的改建和拆除提供了依据。经济评价包括5点，其中值得关注的基础数据是“上海里弄住宅的现状，包括生活设施、完好程度、剩余寿命的调查和概率统计及分析归纳”。1985年10月一些调查数据相继发表①，居民普遍认为面积过小，强烈需要更多的房间；没有洗澡间、没有抽水马桶、隔音太差、房屋渗漏都成为问题的焦点。与商品房方兴之时居民对房型的模糊性建议相比，解决里弄最基本生存状况的焦点是明确、集中和迫切的。

石库门里弄量大面广，试点经验无法推广，那么污点和亮点长期并存的状况很难缓

①金企正. 上海市旧居住区的民意测验. 住宅科技，1985（10）：10

远近高低各不同，步高里的乱搭建

解。如果要像扳道岔一样改变石库门里弄改造工程的运行轨迹，往往需要一个契机。城市中心区人口增加，加大了基础设施的负荷，供水管道、供电设施一时捉襟见肘。反观步高里，它虽然被扣上了“旧里”的帽子，但解放后也创造过市政方面领先的优势。上海是中国最早使用煤气的城市，第一家煤气厂由英商建于清同治四年（1865年）。然而直到1949年解放时，民用煤气普及率仍只有2.1%，煤气还属于一种日常消费中的奢侈品。“大跃进”期间上海大力推进供气系统建设，从1957年到1960年，家庭煤气普及率从原来的2.5%上升到了5.8%。① 步高里就是在1958年成为煤气供应的试点单位之一的，而有些弄堂拖到20世纪90年代才使用上煤气罐，将近30年的差距足以折射出不同的里弄生活质量。解决了吃饭的燃气问题，步高里居民的一桩心病就是倒马桶了。1989年步高里成为市级文物保护单位后，居民围着前来调研的区委书记诉苦：“哪像个文物的样子，文物还用马桶?”当时的倒粪站小门开在陕西南路的大牌坊旁边，家庭主妇堂而皇之拎着马桶出入成为弄堂一景。区委书记答应三年之内解决，几个三年过去了，究竟怎样安装马桶仍然无法达成各方共识，事情就这么一直拖了下去。

厕所的进化也体现了技术和文化的进步。抽水马桶最先诞生在英国，虽不如电灯和飞机那样深刻改变了现代生活，但也实实在在改善了人们的生活质量。法租界地势南高北低，而通向黄浦江的输水管道是南低北高，与修筑水平堪称国际领先的电气、煤气、电话通信、供水管相比，20世纪30年代排污管道的铺排明显滞后。当然，中国农夫对粪肥的用处最清楚不过，解放前粪肥管理水平并不低。作为直管公房，房产等资源受到国家的直接控制，居民即使有机会表达诉求，也需要跨越政策制约和行政阻力的鸿沟，因此实质性的推动依然取决于政府的决心。

马桶工程

马桶工程的首个示范项目在卢湾区淮海中路526号和合坊推进。和合坊建于1928年，

①黄坚.“大跃进”时期上海的市政建设.上海党史与党建，2009（3）：19

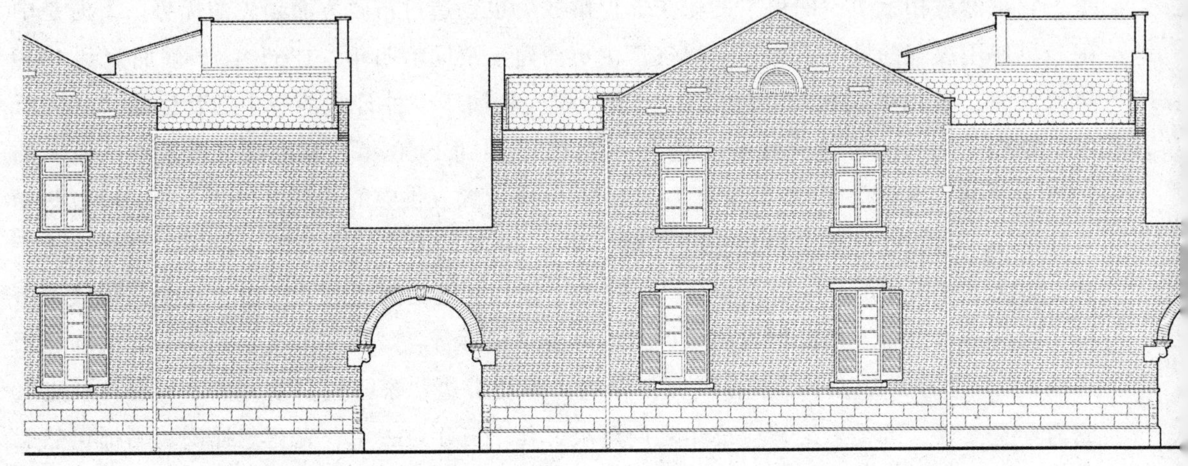

除前两排里弄外，其余属于旧里，缺乏必要的卫生设备。20 世纪 90 年代，合坊的住户大多以老年人为主，大多没有条件购房外迁。2002~2005 年，卢湾区政府计划投资 3000 万元用于区内的马桶改造工程，拟采用抽户的方式，为每个单元的住户增加公共的卫生间，完善其卫生设施。该改造工程方案在进行征询意见时，遭到居民的强烈反对。主要原因是居民原先是想通过动迁解决住房困难，当看到政府对其住房进行卫生设施改造，直观地感到居住地不会动迁，所以情绪十分对立。按照方案，计划动迁每个单元中亭子间的某位住户，这无疑也引起了住户的不满。多户共同租赁的公共房屋，极易发生公用部位使用纠纷，任何变动都需照顾各方的利益，确保公正平等，像这样单单告知某户需迁出为其他住户腾房提供公共卫生空间，其抵触排斥可想而知。① 2006 年 3 月开始，卢湾区房管局放弃建设楼内公共厕所的想法，转而在尊重承租人权益的前提下，优化方案，他们准备利用独用居住部分内 0.6 平方米的空间安装一种专利小马桶。先在 3 户室内试点，并邀请邻居前来参观，获得噪声少、震动小、无渗漏、没异味、易保洁的满意答案后，十百相传，四两拨千斤，更多的居民迫切想在自家也安装相同的专利马桶。这次步高里“大修”前，居委会就专门组织居民代表前去和合坊进行实地参观考察。

①卢湾区和合坊旧里改造工程方案及试点研究课题组：和合坊改造研究，2006

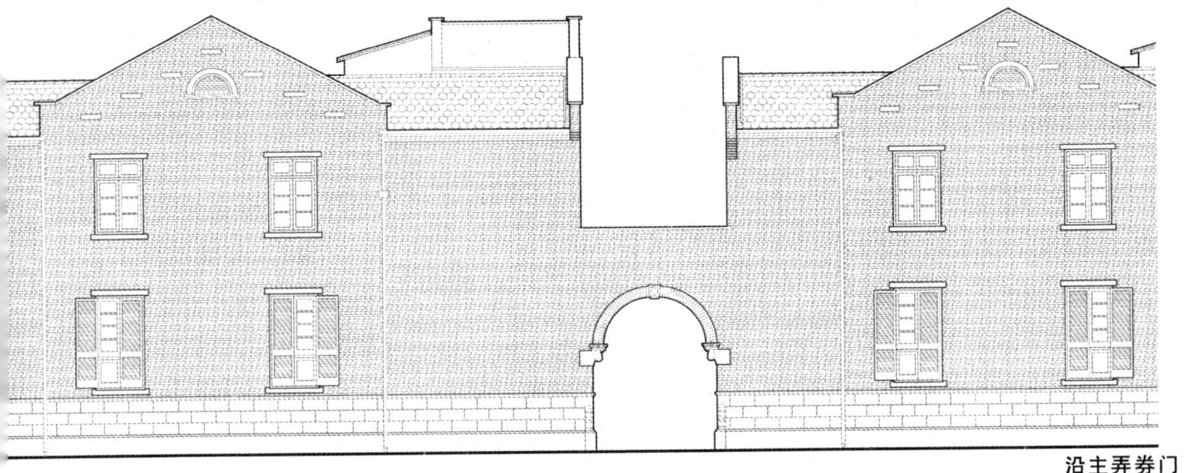
沿主弄券门

在每个单元的厨卫设施安装之前，都需征得该单元内所有居民的认可。同意安装坐便器的居民通过缴纳100元并签署一份协议，成为其产权所有者，以明确妥善使用的义务。以下是朱莲娟家的“马桶协议”全文：

增装抽水马桶协议书

甲方：永嘉置业管理有限公司

乙方：陕西南路**287**弄16号三亭部位 郁阿生 承租人

为解决居民马桶问题，本着自愿的原则，经甲、乙双方友好协商，达成如下协议：

1. 甲方在乙方居住部位增装抽水马桶后，原房屋类型不变、租赁面积不变、租金不变。

2. 增装抽水马桶部位由上海市房屋设计院出具增装抽水马桶设计图纸，并征得乙方同意。

3. 抽水马桶安装工程费，乙方承担100元，其余费用由甲方承担，安装后的抽水马桶产权归乙方所有。

4. 抽水马桶在安装完毕后保修期为一年，超过保修期发生的修理费用参照售后工房抽水马桶修理收费标准按规定向乙方收取，乙方可以请当地物业公司修理或其他有资质的单位修理。

5. 抽水马桶安装后，因使用不当造成漏水或漏水造成相邻居民财产损失由乙方自行协商处理。

本协议一式贰份，甲、乙双方各执壹份。

甲方：永嘉置业管理有限公司　　乙方：郁阿生（签名）

经办人：××× （签名）

2007 年 11 月 20 日

工程从 2007 年 11 月在 6 号试点，历时一个多月完成全弄约 400 户的马桶安装，大约仅有 15 家拒绝，居民大多持欢迎的态度。尽管仍有人抱怨房间里放一个抽水马桶不妥当，占去了本来就不宽裕的房间近 1 平方米。但原本的木马桶同样是放在屋内，也占去了一个角落，换成干净、方便的抽水马桶，利远大于弊。相当一部分居民就是抱着这样患得患失的心态同意安装的，接受、习惯它，应该只是时间问题。实际上，居民的抱怨主要出自于因拆迁无望产生的不满情绪。在整个马桶工程中，步高里依然属于旧里，而非新里，政府在未来的动拆迁中对房屋的价值评估尺度不变，并在《增设卫生设施协议书》中明确表示“原房屋类型不变、租赁面积不变、租金不变”。对于其他普通里弄而言，通过马桶工程改善卫生环境仅是初级性的成效，居民盼望彻底摆脱石库门里弄生活窘境的希望依稀尚存。步高里则不然，作为文物保护单位，在被授予金灿灿的铜制铭牌之时，就宣告了拆迁无望。这小小的抽水马桶，让作为城市名片的弄堂脱离了公用小便池和倒粪站，是里弄生活变化的一大步。但直接受惠的居民却踌躇于此，略显无奈，因为这终究不能消除他们心中现实与希望的巨大差距。

街道背后的人群

里弄的大量居民究竟想要什么呢？根据最新的上海市第六次人口普查统计数据，步高里 1000 余居民中，40 岁以下的约占 20%，40~60 岁的约占

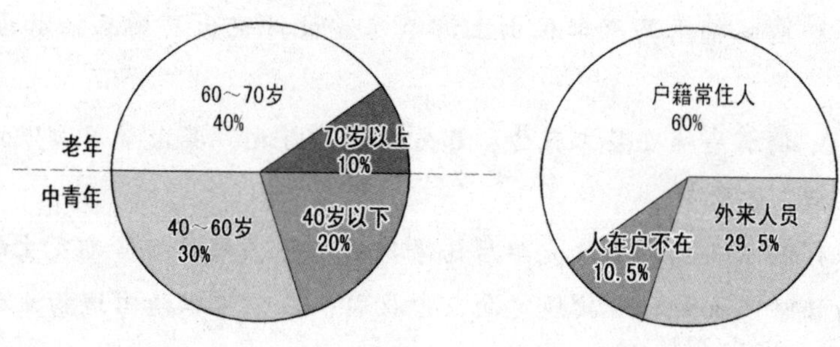

2009 年步高里人口普查结果

小小弄堂大世界

30%，60~70 岁的约占 40%，70 岁以上的约占 10%。这里面，户籍常住人口占 60%，人在户不在的占 40%，其中包括外来人口 310 人，占总人口的 29.5%。从这些数据可以清楚直观地看到，步高里的人口一半是 60 岁以上的老年人，这些老年人占了户籍常住人口的一大部分，是一个严重老龄化的社区。那一半的中青年居民中，又有一多半是外来人员——通常外出打工者都是这个年龄段的人员。我国规定直管公房的承租权可以传代，可相当一部分承租人的子女继承了房子却没有“继承”生活，他们自购新房，离开陈旧的里弄，将空房出租给外来人员。弄堂里原住民越来越少，这是个不可逆的过程。一些学者反复强调的保持原住民邻里格局的愿望变得越来越不现实，步高里的生活轨迹就印证了这一点。

步高里大批“借来”的年轻人中，占主导地位的依然是餐饮、娱乐、保姆、中介等服务行业的低收入打工仔、打工妹，他们选择在步高里居住均是缘于租金便宜、地段优越，对弄堂历史几乎一无所知。但因为他们的存在，步高里与中国偏远地区日益老龄化与空巢化的古村落相比，社区活力依然存在。2011 年初夏，两个打工青年在步高里按照安徽家乡的风俗订婚，又是撒糖又是打火炮，一片喜庆。小伙儿和姑娘分别来自 38 号和 43 号的两个租户家庭，可以看到，这是传统弄堂内有别于新建高档住宅的独特交往活动。也许这种联系只会局限在相熟的近邻，而难以扩大到更大范围的不同人群，但至少人们已在日常生活的接触中建立了某种信任的纽带和互助的关系，有助于形成家庭归属感。步高里存在大量公共、半公共空间，主要还是居住空间，表面上它具有外部空间的开放性，其实人际关系中隐含着挥之不去的排他性。这些流动人口与步高里居民虽同属于弱势群体，在生活习惯和行为方式上却区别显著，容易造成对立和冲突，本身也体现了中国城市和乡村长期的隔膜。假如外来打工者在该区域无法找到合适的工作岗位，又无法实现信息时代的远距离就业，居住成本随着交通、食宿等开销的增加而攀升，他们就不得不离开这里，这种流动性始终是存在的。因此，不同身份角色的居民立足于实用主义和利己性，将不断推动着对步高里认同感的重构乃至解构。

政府“大修”后，步高里的出租情况发生了微妙的变化。实事工程尽管无法彻底改变“朱莲娟们”的生活形态，但通过一定的政府投入帮助居民因地制宜地改善了自己的生活空间。老房子内部条件改善之后单独出租，仍可获得不低于群租的租金。2009 年 11 平方米的亭子间月租约 700~1000 元；如有卫浴设施，月租约 1200~1800 元。前面所提到的保罗夫妇租住的二楼前厢房，有卫生间和阁楼，共约 50 平方米，月租达 2800 元。那些具有较好经济基础的“二房东”有能力离开较差的居住环境，也有能力保护好自己的老屋。一些房东为找个好房客、租个好价钱，主动装修、完善设施，这种自觉产生的改善行为，一定程度上也遏制了“群租”的滋长。许多里弄对于安全的担忧主要来自大量的出租屋里外来人口的增加，“群租”的减少有助于维护里弄邻里空间的“可防卫性”。

冬至

社会学对社区的

定义层出不穷，都没有丢失两个基本特征：共同生活在同一地域的一群人；这群人具有共同的文化和心理纽带。品质较高的社区具有更强的可识别性，更容易缔造安全感和认知度，这是“大修”带来的实质性推动。医生、设计师、外籍教师、公司白领经济状况、受教育水平较高，他们作为租赁户介入步高里的日常生活是一个良好的开端。虽为数不多，但表明对传统弄堂居住方式的“回归”在政府“大修”的促进下显露端倪。“大修”对经济条件欠佳的原住民帮助更为直接：步高里的一些居民选择留在此处，受到性价比的驱使。他们宁愿降低居住标准，也要保持对优越的城市公共交通、医疗、教育与商业服务网络的能量摄取。如今，“大修”凸显出了步高里的建筑品质，也对各个空间的归属、划分进一步作了确认。人们将房屋视作自己的私有财产，把与房屋相关的公共空间也看作是财产的一部分。“大修”有意无意地在资本链条运作中发挥了更复杂的效用，它既回应了普通居民的居住权利诉求，也与拉动租金、提升资产的交换价值密切相关。这样来看，外部环境美化、家庭日常生活的便利度增强、年轻优质邻里的介入等所带来的物业价值提升，是几乎所有户籍人口乐于分享和认同的。步高里作为标杆式的上海里弄社区，成熟、稳定，并未发生本质性的衰退，与“大修”的促进不无关联。

我们所关注的是，这种“大修效应”能持续多久？从马桶租赁合同的“一边倒”看出，今天步高里的“居住改善模式”重视内外居住空间的完善，从组织方式来看，政府直接财政拨款、组织施工，同时又是租赁户利益的总代表，成果几乎无偿提供给居民，方式上归根到底依然属于计划经济时代的平均主义。居民享受到“大修”的好处，但一些有经济能力的居民已经搬离步高里，利用福利性低房租与高额的“二房东”收益间的巨大差价获得

2007 年的修缮工程

回报，这种国家与个人协作方式上的高度不匹配，究竟能不能促成并长期维持一个优质的居住区呢？调整产权关系，激发原住民的保护动力已经势在必行。

“大修”深水区

步高里的“大修”虽被人们冠以“马桶工程”之名而广为传颂，其工程内容其实远不止这一项。它在居民不搬迁、各种权益不变的前提下，以政府出资为主导力量，进行厨房、卫生设备、公共空间的改善、安全与美化，是“居住改善”模式的一个重要实例。具体来说，这次的“居住改善”工程包括外墙修缮工程、马桶工程、厨房工程和管道工程：

1.房屋修缮，立面整治，外墙“修旧如故”；

2.每户按需增加卫生设施，安装新式抽水马桶；

3.一体化台柜，多户混用的厨房分灶工程；

4.上、下水及煤气管道的调换重铺；

5.室内公共部位的消防喷淋系统；

6.弄内道路、广场翻筑，下埋化粪池，明沟整修。

“居住改善”是在成套率改造无法实现的前提下，因地制宜开展的大规模修缮工程。突出优点是避免了产权纠纷、投资小、没有大动干戈，一定程度上缓解了弄堂内外环境破败的压力，也唤起了部分居民的自主意识和认同感；缺点是名为“大修”，但治标不治本。

步高里作为上海原生态、居住改善的一个样板，得到了比一般石库门里弄更多的关注和政府投入。至2007年，经过近半个世纪的漫漫长路才有一次成规模大修，属于对历史欠账的稍加补偿。但建筑的整体结构加固和室内物理环境的改善并未落实，距离居民心目中疏解居住高密度、完善整体房屋隔声、防漏、扶正等基本质量的目标尚远。经过测试，步高里建筑基础埋深80厘米，原三合土条基不能再承受上部荷载；红砖强度为MU10，砂浆强度也低于规定要求；原晒台混凝土强度为C13，经现场测试炭化深度为20毫米，已超出了混凝土正常使用的临界线。[①] 它们均无法满足“经过大修后的房屋必须符合基本完好房标准的要求”这一规定。

再看看空间的逼仄程度，步高里总户数420户，总人口1050人，按照建筑面积10004

①上海市房屋建筑设计院有限公司. 上海步高里建筑工程检测报告，2007

平方米计算，人均居住建筑面积约 9 平方米，大致为 2008 年上海市城镇居民人均住房建筑面积 33.4 平方米的三分之一弱，人均居住面积则更低，普遍低于目前上海廉租住房的 7 平方米标准。在这样的条件下的居住空间必然被改造为多功能的复合空间，人们不得不忍受居住空间狭小和被迫合用空间的事实，势必对生活品质、居住私密性产生消极影响，无论是居民各自不同的改造方式，还是政府主导的修缮工程均无法改变这个局面。步高里居民的“小动作”面对空间狭小、基础设施不完善的问题，更是只能隔靴搔痒了。尽管里弄居民对家的关注呵护犹如燕子衔泥筑巢般，数十年如一日，锲而不舍，可这样的蜗居真的能一直维持下去吗？

早在 2002 年左右，年逾古稀的建筑学家冯纪忠先生就谈到：“一个城市文化，光有几个有名的建筑，不解决问题，要把环境保护好。现在搞步高里，整个要改造，也不知道怎么改造法子？像那种大规模的里弄，很好啊。不好就不好在它里面的设备太糟了。规模、布局都还很有意思的，完全可以改建好”。[①] 这份谈话出现在 2007 年步高里进行大修之前的 5 年，从侧面展现出马桶工程的长期酝酿与阵痛。冯先生对旧式里弄的改造充满忧虑，同时一再强调“设备糟”、“弄堂有意思”、“完全能改造得好”。那么他曾经又是怎么来做的呢？冯先生 20 世纪 80 年代初敏锐地捕捉到旧区改建问题的重要性和迫切性，1981~1986 年连续 6 年以上海旧区改造为题，指导了 7 份改造目标侧重点不同的毕业设计。他树立了一个十分重要的观点：旧区改建，你说是建筑也是，你说是规划也好，正是两个专业摆到一块儿才能做得好的东西——总图规划，抓住核心就可以小大由之。他强调要在延续风貌特色和环境改善的前提下，保留并改造、拆除并新建部分房屋共同协作，形成拥有完善户外隙地、步行网络、绿化系统的街廓格局。为此，冯先生在上海八仙桥某地块的改造中，多层高密度的新建部分采取了“重叠式里弄系统”，形成上下主弄相错 90 度，与城市菜场、天桥相连，配备基本生活服务设施的生活环境；对大进深原有弄堂的改造，在剖面上吸取了旧里“前高后低”的处理手法，保留台阶式剖面，丰富连续的空间景象。此外，旧里改造后设置内天井，使中部封闭的空间开敞，利于采光；通过加高屋面，变二层为假三层等方法争取居住面积。[①]非常遗憾的是设计方案无法深入，随着大片弄堂拆除，方案沦为纸上谈兵。不过，基于里弄节地、日照、尺度的深刻认知，新设计中包含着旧里弄的合理成分，至今依然有一定的借鉴意义。方案中疏解人口密度、提高生活质量的方法

①同济大学建筑与城市规划学院．建筑人生——冯纪忠访谈录．上海：同济大学出版社，2003.79 页

必须与“重叠式里弄系统”等新建措施统筹考虑。一言以蔽之，单独做某一组弄堂的改建乃至保护无论如何也完不成人口就地平衡而又提高居住质量的目标。必须综合性地将里弄保护与改造放进城市系统中，从总图分析入手，扩大用地、建筑指标的平衡范围。

冯纪忠先生的旧区改造方案探索在1987年赴美后戛然而止，并未涉及分期实施、动迁分配政策、设施配套等方面的内容。20世纪80年代开始，上海与横滨、大阪、鹿特丹等城市结为友好城市，在城市规划和建设方面，获得了许多先进技术和管理经验。1985年，荷兰鹿特丹市规划重建局、荷兰住宅研究院和上海市房地产管理局合作的旧房改造项目取得了喜人成就。1987~1993年，通过中荷培训班、张家宅街坊福田村改建工程，上海积累了旧街坊改造的技术设计、工程项目管理、资金筹集及政策配套等方面的经验。在资金上，鹿特丹市政府赠款35万美元，无偿为1928年所建的张家宅福田村旧里改造项目，提供了部分住房装饰材料、建筑设备和相应的技术。加之“八五”时期（1991~1995年）上海确立了“将旧里弄住宅改造成具有独立厨房、厕所的成套住宅，1995年底住宅成套率达到45%，20世纪末达到70%”的目标，为此投入了大量的改造资金。因此，一时间涌现出了诸如张家宅街坊福田村改建、蓬莱路303弄、卢湾区44街坊等一批亮点工程。

旧里改造示范样板所追求的最主要目标就是成套率——在保留建筑主体结构的基础上，通过局部调整平面与空间布局或实行“矮楼长高术”，使旧住宅能具有煤卫等基本配套设施。除此之外，还扩大了可用面积、增添了绿化、加装了隔声设施等，成效有目共睹，获得了居民的很大认同。“亮点”工程的改造资金主要来源于上海1992年土地批租资金的前期投入、国际社会的捐赠、按有限比例提取的租金等。在当时的政治和社会背景下，里弄改造大多由国家和单位进行投资，老百姓只能将改善居住条件的希望完全寄托在政府身上。进入21世纪，随着迅猛的商品房大潮冲击，居住水准大幅度拉升，原先的改造标准几年内就明显落伍，“试点”成果逐渐被冷处理，缓缓走出了人们的视线。

---

①冯纪忠,王秉铨. 城市旧区与旧住宅改建刍议.建筑学报.1984（11）

9

勃艮第2030

请坐

我们的遗产

步高里是活生生的文化遗产，一组价值很高的优秀近代建筑，她面临的矛盾与问题颇为复杂。价值突出的石库门里弄是世界遗产大家族的组成部分，体现了跨地域的普遍性价值。1998 年国际古迹遗址理事会成立“国际共享建筑遗产科学委员会”，其主要遗产类型“共享殖民遗产”（Shared Colonial Heritage）旨在指导世界范围内跨文化遗产的深入研究与保护。第二次世界大战前，因殖民活动而兴建的城镇、基础设施、防御系统、典型建筑（群）代表了宗主国与殖民地之间千丝万缕的联系，曾经深刻影响了殖民地的历史环境演进。上海的租界并不是殖民地，两者在主权上有本质的不同，但这并不影响这样一个客观事实，即石库门里弄作为 20 世纪上海居住形态最重要的文化遗产，深受租界管理政策影响。石库门犹如甘霖，滋育了年轻的近现代城市，是东西文化较量、交流的客观结果，体现出上海居住建筑商品化与文明化的一大进步，至今是一份颇具分量的读本。今天上海跻身国际大都市，重塑文化身份的要求日益迫切，石库门里弄担当外交使者，承载了以亿计目光的重量，随着世博会等大事件进入全球视野，成为城市文化品牌的重量级名片。在大事件中，石库门里弄的美学、技术、功能意义让位于政治性的诉求，与头顶文化遗产的光环相比，居民的生存质量究竟如何，任何一个人都能切身感受得到。

步高里和建业里是公产房屋，又是上海市优秀历史建筑甚至文物保护单位，这意味着她们应为除本处居民之外的更多社会公众提供服务。根据公共经济学理论，社会产品可以分为公共产品和私人产品。公共产品指那些能为绝大多数人共同消费或享用的产品或服务，它又可分为纯公共产品和准公共产品。前者的特征是必须同时具备消费或使用上的“非竞争性”和受益上的“非排他性”，一般涉及国防、外交、环保等重大领域，数量不多。准公共产品的特征是“非排他性”和“非竞争性”必居其一，且仅居其一，类型多样，数量较大。文物类优秀里弄即可视为准公共产品，具有非竞争性强和非排他性弱的一般规律。理论上讲，政府有义务为保障社会生活的文化品质提供这样的公共产品，就像保障基础设施、供应医疗和教育一样。大量的优秀石库门里弄，历史性地带有“公共遗产资源”的性质，保护工作完全依赖市场是不符合实际的。它们受到原始建造质量和布局的影响，周边环境与舒适度不如花园别墅、新里和公寓，后者更容易被市场接纳，也容易动员

步高里风情长卷

市场力量共同参与产权转化、修缮与整治。石库门里弄普遍的市场接受程度较差，则对公共产品的公共政策提出了更高的要求。里弄不搬迁居民，又要疏解居住密度，改善恶劣的居住条件，并保护文物古迹的完整性，几乎是不可能完成的任务。因此，理论和实践上体现出错综复杂的纠葛，单靠政府的力量实施彻底改造捉襟见肘、难以为继。石库门里弄这类准公共产品在投资开发和经营上，更需要争取多种经营成分参与，包括私人投资和利用外资，建业里的改造无疑具有示范性意义。

建业里的项目运作机制是政府引导加市场化运作，花旗银行是最大股东，波特曼集团为主要开发商并负责项目设计，上海衡复置业为合作开发商，项目目标面向的是旗舰级石库门高端消费群。前面说过，准公共产品“非排他性”和“非竞争性”必居其一，且仅居其一。像建业里这样的优秀近代建筑改造后成为封闭式社区，必然具备了排他性，排斥了他人对同一商品的消费，将众多的文化遗产受益者，比如原住民、普通参观者拒之墙外。那么只能在“非竞争性”上想办法，即确保一部分人对一个公共产品的消费不会影响另一些人对该产品的消费。问题的难点在于，当一件公共产品需要某些特定的消费群体付出代价，去换取更广大消费者的利益时，各方要达成协议常常是极为困难的。于是就出现了 2005 年“对该处优秀建筑实施保护性改造”的强拆行动，政府不得不扯起维护大众公共利益的旗号，“合法伤害”了一部分无助的小众。为民请命有风险，这使政府一直笼罩在负面的疑云之中，也暴露出了长期的公共产品政策上的问题：在土地财政日益成为政府重要收入来源的今天，历史建筑的修缮费用所占比例不大，假如采用“掉包计”，

看得见的风景

则花费少，产出并不低。“半亿”豪宅将昔日的生活斩草除根，它究竟有多少份额是留给社会服务、文化传播功能的呢？如何在准公共产品中确保哪怕是一定程度的“非排他性”，以便提升公共价值，增强共享的机会更是值得在建筑定位中反复推敲的。在过去的岁月里，以居住为核心，以原住民不搬迁为前提的改造本身需要受到政策的极大扶持，虽时间很短，毕竟曾经尝试过。那么今天，维持“非竞争性”，特别是在动拆迁（征用）等政策中、在各类养老公寓及经济适用房等替代产品的设计里，为原准公共产品的消费者提供支持更值得探究，它一定程度上是冯纪忠先生“必须综合性地将里弄保护与改造放进城市系统”中的再现。

政府缺乏资金，需要吸引多方力量参与保护，但政府不能没有法规制度来管理公共产品，在制度建设中，保护原理和实践方法的不断总结是基础。遗产保护是多学科、重实践的领域，对学科整合有较高要求，我国目前的成果多集中在具体实践，侧重基础保护理论的多学科协作依然有较大的提高空间。及时对“建业里们”的个案进行总结，意味着可以带动旧里的人口逐步松动，改善原住民的生活状况；意味着珍视石库门里弄这一世界级的文化遗产，杜绝短期效应，为全社会提供一份寿命更为长久的公共产品。

他山之石

在建筑遗产保护的问题上，必须尊重可识别性，体现社会财富分配公平。各个发达国家在这方面有不少的较为成功的探索成果，在此仅举一例。

联排式住宅是英国19~20世纪居于统治地位的住宅形式，是为移民和工人阶级而创造的一种典型居住形态，也是房地产投机的目标。土地租期一般为99年，“三代后”房屋和土地无偿回到土地所有人手中，房屋经过修缮或土地经过再开发进入下一轮的建设。有些地方的土地租期更长，北部城市兰卡斯特甚至是999年。① 土地使用周期长促使建筑相应具有较高的建造质量，加之1875年《公共健康法》（Public Health Act）颁布，后续法规不断完善，使住宅下水、卫生、通风等方面的品质随着科技进步不断提高，英国在经过了清除贫民窟运动之后，留存的联排式住宅质量基本满足了居住的需要。根据英格兰文化遗产管理的官方代

①Stefan Muthesius. The English Terraced House, Yale University Press，New Haven and London，1982：136~137

理机构“英国遗产”（English Heritage）对英国西北部的调查结果显示，维多利亚建筑的维修费用是建成时间30年的一般建筑维护费用的60%，[1] 老房利用是省钱的举措，经济因素的“无形之手”在左右建筑演化的历史进程。

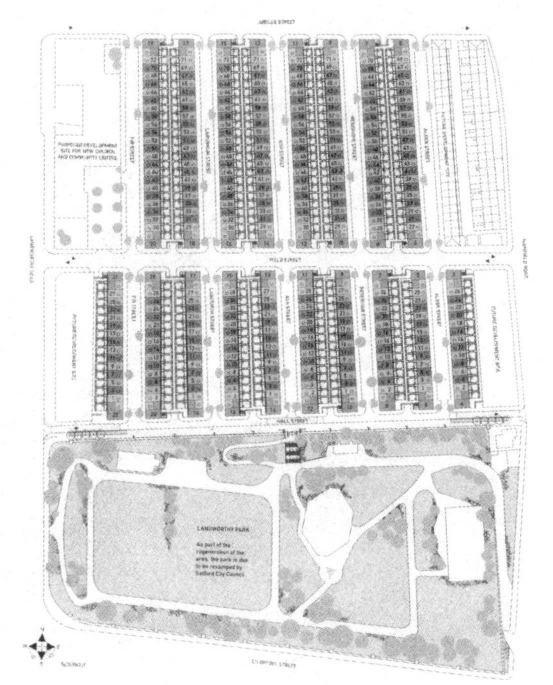

烟囱花园总图

2005年英国遗产发表《经济适用住宅与历史环境》（Low Demand Housing and the Historic Environment）报告。报告显示，1919年之前竣工的400多万套房屋占英国住房市场总量的21%，联排式住宅是价值突出、颇富代表性的英国建筑类型，必须根据历史特征评估加以妥善维护、修缮或者拆除更新。[2] 久负盛名的、致力于历史建筑改建的综合性开发公司城市亮点（Urban Splash）在犹如蜘蛛网的联排式住宅中推出了自己的改造项目。城市亮点整修了萨尔福特市一处衰败的维多利亚联排式住宅，定名“烟囱花园”（the Chimney Pot Park）。设计不拘泥于原始格局，而是在保留外观的基础上注重内部质量与个性化，2007年一经推出，创造了“站大排”的销售景观。在近350套住宅中，超过25%份额通过“首次购房计划”（first time buyer scheme）专门销售给青年专业人才。“首次购房计划”是英国中央政府与各地开发商共同斥资5亿英镑推出的购房扶持项目，开发商获得英国政府的财政支持，政府也可以通过低风险性来吸引包括证券市场的金融投资。得益于该计划，首次购房的职业青年人可最高享受95%房屋总价的贷款额度，可以享受到中心区的便利设施，与父母住得更近一些，便于互相照顾。当他们重新置业的时候，首次购房计划购买的房屋可由开发商回购，再卖给下一位等待成长的青年人。“烟囱花园”加入首次购房计划，也是政府要求房产商在大规模的开发中，建造一定数量的可负担住宅的翻版。鉴于英国房地产市场的波动性较大，它是

①English Heritage. Low demand housing and the historic environment，2005

②同上

烟囱花园改造前后

政府与开发商共同摸索的一条不亏本最好还能赚钱的运作模式，关键在于要有一个长期投入的决心和政府持续性的慷慨支持。文化遗产保护是一件与人的精神活动密切相关的事业，文化是奢侈的，单靠金钱换不到，它还需要用时间来换取，想要立刻找到“半亿”豪宅收入与产出的平衡点，期待短期内的收入多于产出也是不切实际的。“首次购房计划”保证了不同人群相对平均地分布在各个角落，通过制度推动、案例的累加，追求“非排他性”的社会平等，这是政府、开发商与资本市场共同努力的成果。

在上海，石库门里弄是在土地价格偏低的基础上产生的联排式户型，其流行受到地价的显著影响，耐久性和折旧率与法租界获得土地、建造房屋的合法租赁周期密切相关。房屋的建造投入以投资者的获利为限，他们一味追求速度，不会任意提高标准，建造质量远逊色于英国的联排式住宅。到了2030年，步高里99岁时，会是什么样？步高里的法文名是“CITÉ BOURGOGNÉ”，cité原意城市，尤指早期的老城。现在法语里已经有意义转变，城市由ville代替，cité变成大型住宅区的代名词，而且因为多数为大规模廉租房聚集区，已经成为委婉表达收入低下的贫民区的代名词了。这是不是预示了步高里的现状或者未来？若不是登录建筑，按照英国联排式住宅的一般标准也满了99年“三代”的租地年限，应该重新进入下一轮的土地使用历程了。从这个角度上看，步高里避免治标不治本对文物的破坏，通过翻修、改造，使居住环境与房屋质量发生质的飞跃，用愚公移山的精神降低里弄的超高户密度才是一个有效的保护办法。假如修缮后的房屋依然以出租为主，则在精密的成本核算之外，全部定价未必仅从市场出发，可借鉴英国的首次购房计划，从保障对象的支付能力考虑，某些单元住户依然以年轻的工薪阶层为主——这大概正是当初它们被设计时所面向的目标人群。

生活，就在此处

“谁也赢不了，和时间的比赛；谁也输不掉，曾经付出过的爱。”这是台湾歌手侯德健的一段老歌。文化遗产变换迁流，就如同我们脆弱而丰富的生命，如何才能获得永恒？就历史、科学和艺术价值而言，步高里具有绝对性，若没有物质载体，则如“皮之不存”，许多社会价值便无从谈起，因此抢救物质载体是第一位的。但超越物质载体的某些非物质要素，或者说精神与文化才是不朽的。有人认为，不保留原住民就丧失了弄堂生活特有的弄堂文化。其实，弄堂文化与集体活动和集体记忆关系很大，只有参与具体的社会互动与交往，人们才有可能留下回忆。它们随着时间、地点和人群发生转移，可以有新的创造，具有相对性。一旦人与人之间的交往发生障碍，集体活动和物质空间一起衰败下去，传统居住区将不得不面对被时代所抛弃的命运，解决这个问题比修复历史建筑要难得多。相反，弄堂文化是生动而具体的，即使许多许多年后，文化遗产本身的空间已经消失或者转换，人们依然可以凭借在传统里弄中养成的习惯、获得的记忆、所体验到的归属感和自豪感，努力在新社区建立类似的关系。新社区的建筑格局可能包含着里弄的合理要素，共同为城市留下一份份新的财富。

对于步高里来说，时间是回得去的，途径就是记忆、文字与图像，这里，我们总结本研究的三个初衷：

人文记录。目前更多的目光投向了文物与历史环境的物质形态，而忽略了人文因素。个人的历史是一瓢带有咸味的海水，每一滴都带有海水的全部滋味。我们希望拨开历史的迷雾，尽力捕捉时间长河中倏忽隐现的那些真实信息，一间房一辈子，把平凡人的"日常传奇"描摹下来，做一个停顿，行一种反思，它们记录了我们正在经历的现在，也许在未来叫做记忆。

梳理史实。完整的历史信息在维护、改造、修缮乃至拆除重建等建筑遗产保护对策当中，是足以作为解读、分析的工具出现的。在我国的遗产保护项目实施过程中，因为各种条件的制约，这种研究大多比较滞后。于本研究而言，挖掘与辨析众所未知的资料与证据是一项基础性工作，某些内容希望能经得起时间的淘洗。

方法探寻。商业改造的新天地、商居结合的田子坊、高端楼盘的建业里和居住改善的步高里四种模式，代表了当前石库门里弄改造多元探索的现状。作为稀缺的文化资源，石库门里弄富于集约、多变的可塑性，具备潜在的经济价值，但新天地、田子坊不会是普遍性的，在商言商而言，这类产品也不宜大量克隆。建业里在保留居住形态这一点上做出了有益的尝试，所存在的尖锐问题"步高里们"未来绕不过去。通过回顾上海居住改善模式的曲折经历，梳理马桶工程的点点滴滴，我们认为居住改善模式是普通石库门里弄的一个改造方向，取得了阶段性的整治目标。立足步高里这样为数不多的优秀石库门，根据历史户籍分析，本研究提出合理疏解超高户密度是步高里任何改建与整治的先决条件。调整产权关系，激发原住民的保护动力，以及协调各种参与力量将保护事业推向前进，政府有义务以制度为契机，围绕准公共产品的"非排他性"、"非竞争性"，慎重抉择。

生活，就在此处。我们更愿意以积极的态度看待老弄堂，回归对我们而言真正重要的那些事情。比如，珍惜历史、珍爱家园、珍重彼此。

附　录

1. 步高里大事记略

·1930 年 6 月 28 日的《上海法租界公董局公报》刊登步高里的建设许可公告，开发商为法商中国建业地产公司。

·1931 年 1 月 20 日至 2 月 1 日，《申报》隔日刊登中国建业地产公司发布的步高里招租广告。由此推测 1931 年 1 月上旬或中旬步高里建成。形态概览如下：用地面积约 6940m²，建筑面积 10004m²，建筑密度为 66%，容积率 1.44。标准单开间户型总建筑面积约 110m²。主体为砖木结构，亭子间、晒台等部位使用钢筋混凝土，楼梯间内设有内排水，一道标准化的钢筋混凝土雨水沟，将一条支弄串联起来，雨水通过统一设计的外排水沟排走。整体形态采用"前高后低"的处理手法，台阶式剖面利于通风与采光，南向主屋双坡顶，脊顶总高度约 9.6m。通过楼梯间可达北向的厨房，其上为两层亭子间，层高各约 2.7m，三层屋顶设晒台。共有 11 幢联排式住宅，79 个门牌号。主弄宽约 3.5m，支弄宽约 3m。主次弄相交处为一小广场，广场东西两侧的房子均设计为下店上宅，二层住宅设计有阳台及挂落，有别于其他标准单元形态。高低错落的马头墙、主次分明的大、小牌坊及精妙的红砖壁柱、"席纹"拼接处理构成了步高里细腻的建筑外观特色。

·1932 年巴金在步高里 52 号短期留居，期间酝酿撰写了《海底梦》。

·1934~1960 年，诗人胡怀琛、英语教育家平海澜、艺术家和艺术教育家张辰伯等名人在步高里留居。

·1937 年，以无敌牌擦面牙粉和蝶霜闻名的家庭工业社迁至步高里进行小规模生产。

·1948~1949 年，《上海市警察局户口查记表》编制，其中详细记载了步高里每一户家庭成员的姓名、性别、年龄、籍贯、文化水平及职业等基本信息。

·1949 年前，根据《上海市行号路图录（下册）》统计，弄内 1 号大和祥南货店（一楼）、飞纶制线厂职工宿舍（二楼）；3 号源利面包厂；5 号胜利水电、福兴茶园以及一个老虎灶；6 号上海通正粉厂；7 号上海井局堆栈；12 号飞纶制线厂；13 号王永记成衣店；19 号国泰面包公司；33 号罗桂荫医师诊所；35 号明远眼镜公司；37 号升大粉号；57 号福昌食物号；174 号中道教义会；196 号在 40 年代初还做过老太君庙。

·1951 年，步高里成立居民委员会，首任居民委员会主任劳怀玉，住步高里 15 号，据说是著名民族品牌"无敌"牌牙粉的老板之一 。

·1956 年，步高里都由中国建业地产公司所有转变为卢湾区房地产经租所管理。

·1958~1962 年，步高里 16~19 号为卢湾区第一大食堂；5 号老虎灶；19 号社区乒乓球室；52 号里弄图书馆；174 与 176 号里弄幼儿园；八达仪器厂（3 号、4 号、12 号）与长城电工仪表厂（19 号）等中小里弄工厂驻扎步高里，1958 年后里弄工厂陆续迁出。

·1958 年，作为卢湾区煤气公司的示范点，步高里在全市范围内较早铺设了煤气管道。

·1959 年，陕西南路 271 弄、建西、步高里三个居委会合并成陕建居委会，办公地点初设于陕西南路 271 弄 11 号，后转移到建国西路 158 弄。

·1970 年左右，因堆放拆换的煤气管，步高里小广场的菜市暂停。此后，居民利用废旧的煤气管搭建了晾衣架，菜市自此再未恢复。

·20 世纪 70 年代至 80 年代初期，“生产小组”再一次成为里弄的关键词，步高里内有 44 号剪刀装配组、19 号皮鞋组、52 号仪表组、168 吊衫印制组、42 号线圈组等。1984 年，步高里的线圈组与陕西居委会、绍兴路居委会的生产组合并，共同组建了长征电信厂。

·1985 年，陕建居委会改组，分为陕西南路与步高里两个居委会，居委会首次正式落户步高里弄内 28 号，1996 年搬到目前的 19 号。

·1989 年，步高里成为上海首批 61 处优秀近代建筑之一、上海市文物保护单位。

·1992 年，香港导演许鞍华作品《上海假期》取景于步高里。

·1994 年，潘虹、刘青云主演的电影《股疯》在步高里拍摄。

·2004 年，建业里与步高里两处石库门里弄均被列为《上海衡山路——复兴路历史文化风貌区保护规划》中的保护建筑，处于核心保护区中，适用于保护要求级别最高、最严格的保护措施。

·2007 年，步高里在卢湾区房屋土地管理局、上海市文物管理委员会的主持下，耗资 650 万进行了自上而下的大规模综合整治工程，属于政府的实事工程，又名马桶工程。

·2009 年，借“世博会”的巨大影响，首场世博上海区县公共论坛在卢湾区举行，主题是“上海石库门遗产保护与文化传承”，步高里作为“居住改善模式”的代表引起广泛关注与讨论。

·2011 年，步高里社区活动广泛开展，继 19 号居委会、24 号老年活动室之后，20 号底楼成为瑞金街道的社区公益站。

2. 中国建业地产公司图略

中国建业地产公司1920年成立，办公所在的方西马大楼位于上海中正东路9号，邬达克1924年设计，1926年竣工。

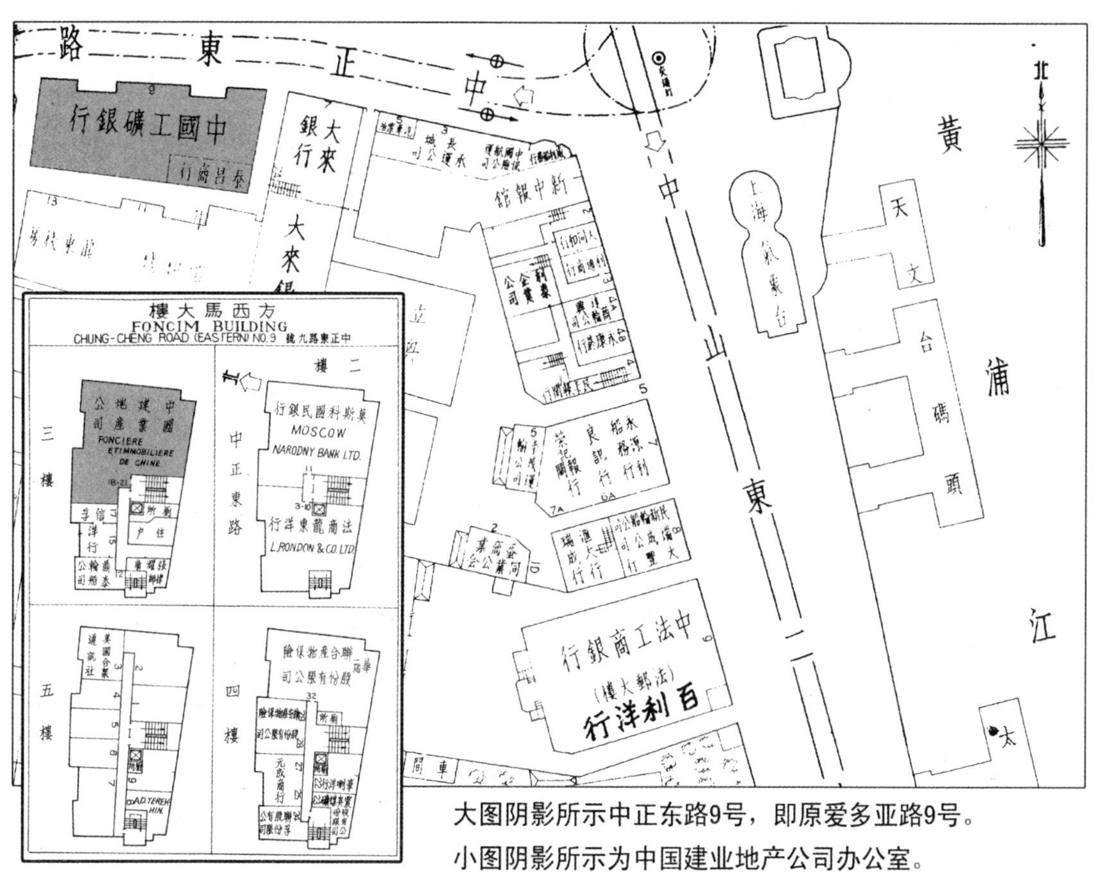

大图阴影所示中正东路9号，即原爱多亚路9号。
小图阴影所示为中国建业地产公司办公室。

陕建之声

赞助单位：上海市市政第一公司

《创刊辞》

在金秋十月丹桂飘香的美好季节里，陕建社区居民企盼已久的报刊——《陕建之声》终于和大家见面了。虽然她还十分稚嫩，也没有什么阅历，但她却是居民自己的刊物。我们将精心地浇灌、培育她。

愿她——成为盛开在都市文明园地里的一朵小花，给和谐社区增添一丝春意；

愿她——成为展示陕建社区精神风貌的一个窗口；

愿她——成为居民与社区干部之间的连心桥；

愿她——成为普及科学知识的摇篮；

愿她——成为推广医疗、保健知识的学校；

愿她——成为咨询法律知识的顾问；

愿她——成为文化娱乐的导航者；

愿她——成为愉悦身心、开眼界和长见识的良师益友。

欢迎大家踊跃投稿，多提建议，来信请邮：

陕西南路 287 弄 19 号 小杰收

邮编 200020 电话：64333441

瑞金社区（街道）陕建居委会《陕建之声》编委会

陕建居民区党总支与市政一公司本部党总支结对签约

9 月 19 日上午，在上海第一市政工程有限公司三楼会议室，瑞金二路街道陕建居民区党总支书记白莉萍与市政一公司本部党总支书记何业兴代表双方单位举行结对签约仪式。

瑞金二路街道党工委书记单少军、市政一公司党委书记、董事长崔建耀出席了签约仪式并讲了话。

双方就各自党建工作情况进行了交流，并表示以党建联动、居民区共建的实际成效来推进社区建设和工程建设。

小娟

2006 年 10 月

老人饮食十不贪

学礼仪　提素质

—陕建、瑞雪社区来沪人员学礼仪侧记

9 月 7 日晚，陕建、瑞雪二个居委联合举办了“新上海人学礼仪知识”讲座培训。这次活动吸引了 30 多名来沪人员参加，他们认真听讲，做好笔记，本次活动旨在提高来沪人员的素质，让他们更快、更好得融入上海这个大家庭中，为创建和谐社区做贡献。社区退休教师杨启时为来沪人员进行礼仪知识的培训，内容有：文明规范示范和新生活才艺展示。同时还安排了教师与学员互动，场面热烈、活跃，学员积极参与，踊跃举手发言。礼仪知识的传播随着一件件小礼品的发放，而深深得印在来沪人员的脑海中，使他们思想上也更加重视了。

通过学习培训，让来沪人员了解和掌握了与自己日常生活和工作密切相关的家庭礼仪、社会礼仪等方面的知识。来沪人员纷纷表示，要用实际行动同社区居民一起共同构建和谐、和睦、友善的小区，决心从我做起，从身边做起，做一个名符其实的“可爱的新上海人”。

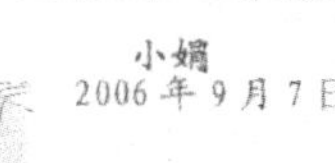

小娟

2006 年 9 月 7 日

小小弄堂运动会

今天，天公作美，特意让太阳躲进云层里，凉风习习，令人神清气爽。上午 9 点半，陕建、瑞雪居社区居民约 150 人在步高里弄堂内举办了一个别开生面的小小运动会。社区干部早早来到现场，撑起运动会会标，接好扩音喇叭线……忙地不亦乐乎。

在彩色气球的烘托下，腰鼓队首先亮相，老年腰鼓队、排舞相继登场，拉开了运动会的序幕。照相机、摄像机赶忙记下了这个值得居民留恋的镜头。不少居民在人群的簇拥下，踮脚伸头，驻足观望；有的倚窗眺望，有的欢呼喝彩。接着，居民分组举行了跳绳、踢毽子、扯铃、蒙眼画睛、翻麻将牌、转呼啦圈、套圈等 14 种有奖活动。这些老游戏唤起了老人们对童年的回忆，也吸引了年轻人的参与。最热闹的属套圈活动，在窄小的弄堂里居民们排起了长队，有的老人套到了小礼物高兴得象孩子一样欢呼，有的老人虽然失败了，还要第二次试试眼力……在这阵阵的欢笑声中，居民们拉近了相互的距离，活跃了身心，丰富了社区居民的文化生活。“强身健体　和谐共融”“创建特色街坊”就这样一步一步地走进居民生活。

启示　2006/9/14

时
不仅污
其携带
邻居们
宠物排
用来包
更
槊斯磨
物传播
另

3.《陕建之声》创刊号

二00六年十月（第一期）

史的石库门——步高里

湾区陕西南路和建国西路交界处有
的法式建筑群。雕花的窗户，漂亮的
口中国式牌坊和法文标注的门楣，
建筑的特有魅力。它即是建造于 1930
民居“步高里”。今为陕西南路 287
，系三层砖木结构的石库门住宅，
的总体布局，工整而严谨。弄口坐
高里的石库门代表了上海的民居建
无数文人、名人驻足观赏。1932 年，
住进了步高里 52 号友人家，他在
作了中篇小说《海的梦》；上世纪
埔寨西哈努克亲王曾走进步高里普
所；2004 年 10 月 11 日，仅在上
时的法国总统夫人贝尔纳黛特·希
到步高里参观，领略异国他乡的法
989 年，步高里经上海市人民政府
文物保护单位。融合西洋联排房屋
里石库门建筑，依然保存着浓浓的
居文化风俗。屋脊红瓦如鳞，老虎
。厚实乌漆的大门背后是小小的天
竿、搓衣板、马桶刷等居家日用品
角。从天井到中厅，再到两侧厢房，
幽暗中踏着狭窄的木楼梯走上去，
亭子间，走进宽敞的前楼，推开房
平伸手就能触及对面人家的门墙，
息响动清晰可闻。有的一个门牌号
人家。人们在这里出生、嫁娶、繁
百姓的生活，就像永远拧不紧的水
答。

小杰

2006 年 10 月

消息树

1. 人大选举工作，从十月二十六日正式启动了，十二月十二日为人大代表选举日。
2. 从十月份开始陕建社区谈心室正式开放，由许金梅女士主持，地点：芝兰坊一号，时间：13：30——16：00
3. 十月二十日在卢湾区青少年活动中心三楼剧场举办“和谐 和衷 和美——瑞雪、陕建社区共建和睦大家庭金婚庆典暨老年艺术节文艺演出”，欢迎广大居民届时前来观看节目。

小杰

明养宠物

狗、猫、鸽子的粪便是一大污染源，
病。粪便风干后化为尘埃，随风飘荡，
能进入各种场合，尤其是与您相邻的
应该养成良好的卫生习惯，随时清扫
，带上一把小铲子和卫生纸或塑料袋，

带的寄生虫卵，很可能在您与它们耳
己或您家人的身上。现在，已知由宠

的爱犬，以防伤人

广言

2006 年 10 月 6 日

警示牌

1. 秋季天气干燥请居民做好防火工作。
2. 居民外出，睡觉前请检查一下门窗是否关好，注意防盗。
3. 居民如有房屋出租或租户人员变动，请及时到居委会进行登记。

小华

附录

4. 弄堂人家（1944~2011年）

参考文献

一、著作

[1] 包亚明、麦克·迪尔著，季桂保译.后现代血统：从列斐伏尔到詹姆逊：现代性与空间的生产.上海：上海教育出版社，2003

[2] 冯雷. 理解空间：现代空间观念的批判与重构. 北京：中央编译出版社，2008

[3] 姚力. 我国口述史学发展的困境与前景. 见：周新国主编. 中国口述史学的理论与实践. 北京：中国社会科学出版社，2005

[4] 陈映芳. 棚户区：记忆中的生活史. 上海：上海古籍出版社，2006

[5] 唐方. 都市建筑控制：近代上海公共租界建筑法规研究. 南京：东南大学出版社，2009

[6] 白吉尔. 上海史：走向现代之路. 王菊，赵念国译. 上海：上海社会科学院出版社，2005

[7] 张辉. 上海市地价研究. 正中书局，民国二十四年（1935 年）

[8] 《上海房地产志》编纂委员会编. 上海房地产志. 上海：上海社会科学院出版社，1999

[9] 《上海租界志》编纂委员会编. 上海租界志. 上海：上海社会科学院出版社，2001

[10] 上海市卢湾区志编纂委员会编. 卢湾区志. 上海：上海社会科学院出版社，1998

[11] 金幼云，李永继编著. 日晖港清真寺. 政协上海市卢湾区委员会文史资料委员会编. 卢湾史话（第四辑）. 上海，1994

[12] 《上海园林志》编纂委员会编. 上海园林志. 上海：上海社会科学院出版社， 2000

[13] 《上海通志》编纂委员会编. 上海通志. 上海：上海人民出版社，2005

[14] 中国人民政治协商会议上海市委员会文史资料工作委员会编. 旧上海的外商与买办（上海文史资料选辑第五十六辑）. 上海：上海人民出版社，1987

[15] 卢湾区人民政府编. 上海市卢湾区地名志. 上海：上海社会科学院出版社，1990

[16] 上海市徐汇区地名志. 上海市徐汇区人民政府编. 上海：上海社会科学院出版社，1989

[17] 王绍周. 上海近代城市建筑. 江苏：江苏科学技术出版社，1989

[18] 沈华. 上海里弄民居. 北京：中国建筑工业出版社，1993

[19] 罗小未，伍江. 上海弄堂. 上海：上海人民美术出版社，1997

[20] 上海申报社编. 上海工商名录. 上海：上海申报社，民国三十四年（1945）

[21] 上海章明建筑设计事务所编. 老弄堂建业里. 上海：上海世纪出版股份有限公司远东出版社，2009

[22] 陈炎林. 上海地产大全. 上海：上海书店，民国二十二年（1933）

[23] 冯绍霆编. 石库门前. 上海：上海文化出版社，2005

[24] 上海市黄浦区志编纂委员会编. 黄浦区志. 上海：上海社会科学院出版社，1996

[25] 当代上海研究所编. 当代上海城市发展研究. 上海：上海人民出版社，2008

[26] 袁燮铭. 上海：中西交汇里的历史变迁. 上海：上海辞书出版社，2007

[27] 李存光. 百年巴金：生平及文学活动事略. 北京：人民文学出版社，2005

[28] 贾植芳、巴金等著. 我的写作生涯. 天津：百花文艺出版社，2006

[29] 《上海民政志》编纂委员会编. 上海民政志. 上海：上海社会科学院出版社，2000

[30] 《上海住宅建设志》编纂委员会编. 上海住宅建设志. 上海：上海社会科学院出版社，1998

[31] [美] 卢汉超著，段炼、吴敏、子羽译. 霓虹灯外：20 世纪初日常生活中的上海. 上海：世纪出版集团上海古籍出版社，2004

[32] 常青. 建筑遗产的生存策略——保护与利用设计实验. 上海：同济大学出版社，2003

[33] 《上海图书馆事业志》编纂委员会编. 上海图书馆事业志. 上海：上海社会科学院出版社，1996

[34] 新闻日报出版委员会编. 街道里弄居民生活手册. 上海：新闻日报馆，1951

[35] 朱健刚. 国与家之间——上海邻里的市民团体与社区运动的民族志. 北京：社会科学文献出版社，2010

[36] 华揽洪. 重建中国——城市规划三十年（1949~1979）. 北京：生活. 读书. 新知三联书店，2006

[37] 刘刚. 伍江指导. 上海前法新租界的城市形成. 上海同济大学建筑与城市规划学院博士论文，2009

[38] 王凯. 郑时龄指导. 现代中国建筑话语的发生——近代文献中建筑话语的现代转型研究（1840~1937 年）. 上海同济大学建筑与城市规划学院博士论文，2009

[39] 同济大学建筑与城市规划学院编. 建筑弦柱——冯纪忠论稿. 上海：上海科学技术出版社，2003

[40] 大卫·哈维著. 巴黎城记. 桂林：广西师范大学出版社，2010

[41] 于一凡. 居住形态学. 南京：东南大学出版社，2010

[42] 范文兵. 上海里弄的保护与更新. 上海：世纪出版集团，上海科学技术出版社，2004

[43] 王安忆. 桃之夭夭. 昆明：云南人民出版社，2009

[44] 沙永杰等. 上海武康路——风貌保护道路的历史研究与保护规划探索. 上海：同济大学出版社，2009

[45] 上海档案馆编. 城市记忆——上海历史发展档案图集. 上海：上海辞书出版社，2006

[46] 鲍士英. 上海市行号路图录（下册）. 上海：福利营业股份有限公司，民国 38 年（1949）

[47] 李斌. 空间的文化中日城市和建筑的比较研究. 北京：中国建筑工业出版社，2007

[48] 陈映芳. 都市大开发——空间生产的政治社会学. 上海：上海古籍出版社，2009

[49] 张仲礼. 近代上海城市研究（1840~1949 年）. 上海：上海文艺出版社，2008

[50] 张伟群. 上海弄堂元气——根据壹仟零一件档册与文书复现的四明别墅历史. 上海：上海人民出版社，2007

[51] All About Shanghai and Standard Guidebook, Historical and Contemporary Facts and Statistics，The University Press，1934

[52] Stefan Muthesius，The English Terraced House, Yale University Press，New Haven and London，1982

二、期刊部分

[1] 杜恂诚. 收入、游资与近代上海房地产价格. 财经研究，2006，32（9）

[2] 牟振宇. 近代上海法租界空间扩展及其驱动力分析. 中国历史地理论丛，2008，23（4）

[3] 李燕宁，卢永毅. 晚期石库门里弄——步高里. 上海城市规划，2005（3）

[4] 朱佑模. 近代上海汽车的兴起和发展. 上海修志向导，1996（2）

[5] 邱国盛. 20 世纪 50 年代上海的妇女解放与参加集体生产. 当代中国史研究，2009（1）

[6] 郭圣莉. 新中国建立初期居民委员会制度的历史考察. 上海党史与党建，2004（2）

[7] 周武. “西区”的开发与上海的摩登时代. 上海师范大学学报，2007（7）

[8] 卢湾区和合坊旧里改造工程方案及试点研究课题组：和合坊改造研究，2006

[9] 上海房屋建筑设计研究院. 《上海市卢湾区步高里（文物保护建筑）修缮设计方案》，2007

[10] 上海房屋建筑设计研究院. 上海步高里建筑工程检测报告，2007

[11] 上海市卢湾区房屋土地管理局. 上海步高里建筑工程决算书，2008

[12] 上海大学社会学系. 瑞金二路街道社会调查，1997

[13] 徐景猷,颜望馥. 上海里弄住宅的历史发展和保留改造. 住宅科技，1983（6）

[14] 张济顺. 上海里弄：基层政治动员与国家社会一体化走向（1950~1955 年）. 当代中国史研究，2004（1）

[15] 汪定增. 上海曹杨新村居住区的规划设计. 建筑学报，1956（2）

[16] 张如翔，缪玮. 建业里保护整治试点项目的设计. 上海建设科技，2008（3）.

[17] 周俭，张波. 在城市中寻找形式的意义——上海新福康里评述. 时代建筑，2001（2）

[18] 金企正. 上海市旧居住区的民意测验. 住宅科技，1985（10）

[19] 曹伯慰. 上海住宅建设的若干问题. 建筑学报，1981（7）

[20] 上海市房屋管理科学技术研究所. 论旧住宅的利用与改造. 建筑学报，1984（9）

[21] 江子浩等. 物权法施行后城市旧住房改造若干问题研究. 上海政府法制研究，2009（7）

[22] English Heritage. Low demand housing and the historic environment，2005

[23] Sherry·R·Arnstein. A ladder of citizen participation, AIP Journal, July，1969.

三、档案

[1] 法租界地册图. 上海档案馆：U38~1~1076

[2] 上海法租界公董局公报（1930），1930 年 6 月 28 日. 上海档案馆：U38~1~2827

[3] 《上海市房地产商业同业公会旧法公董局道契册》（1941）. 上海档案馆：S188~1~34

[4] 上海法租界公董局华文公报（1931）. 上海档案馆：U38~1~2840

[5] 上海近代现代历史建筑调查方案. 上海市档案馆：A22~3~255~1

[6] 上海市人民政府关于曹杨新村核定租金标准的指示. 上海档案馆：B1~2~1402~20

[7] 上海市房地产管理局、上海市城市建设局、上海市公安局关于整顿市区街道里弄门牌的请示报告，1961. 上海市档案馆：B258~2~235

[8] 关于加强里弄工厂用房管理的报告（初稿），1959. 上海市档案馆：A60~1~27

[9] 关于房屋较多的里弄建立“群众养护小组”的报告. 上海市档案馆：B258~1~445~3

[10] 本街道卢房一所本季度打算、欠租分析、防汛防台工作报告、各居委危房调查及陕建扩建大食堂申请、批复. 上海市卢湾区档案局：091~2~5；1960. 4~1960. 9

[11] 上海之将来. 上海地产月刊，1930 年 6 月. 普益地产公司. 上海图书馆：J~0039

[12] 上海法租界公董局公报（1929），1929 年 10 月 4 日. 上海档案馆：U38~1~2826

[13] 上海法租界公董局公共工程处关于扩建马路私路命名、征用地产等文件，1934. 上海档案馆：U38~4~1537

四、报刊

《申报》《解放日报》《新闻午报》《上海法制报》《新民晚报》《三联生活周刊》《房地产时报》

五、互联网资源

[1] 地球在线 http://www. earthol. com

[2] 上海基层党建 http://www. shjcdj. cn

[3] 上海市文化广播影视管理局 http://wgj. sh. gov. cn

[4] 上海统计 http://www. stats~sh. gov. cn

[5] 法制电视栏目“社会方圆” http://www. tv. lawyers. com. cn

[6] 上海市住房保障和房屋管理局 http://www. shfg. gov. cn

[7] 近代上海历史研究 http://www. virtualshanghai. net/

六、其他

[1] 陕建居委会内部报纸《陕建家园》

[2] 电影《股疯》

[3] 电影《上海假期》

主要名词对照表

<table>
<tr><th colspan="2">一、人名中英对照</th></tr>
<tr><td>埃里希宝隆</td><td>Erich Paulun</td></tr>
<tr><td>部亭</td><td>Jean Beudin</td></tr>
<tr><td>甘世东</td><td>Goston Kahn</td></tr>
<tr><td>李恩时</td><td>Leinz</td></tr>
<tr><td>马立斯本杰明</td><td>Maurice Benjamin</td></tr>
<tr><td>邵禄</td><td>Joseph Julien Chollot</td></tr>
<tr><td>邵禄壁</td><td>P. J. Chollot</td></tr>
<tr><th colspan="2">二、路名新旧对照</th></tr>
<tr><td>重庆南路</td><td>卢家湾路，1889 年筑
吕班路（Avenue Dubail），1892
灵宝路，1943 年
1946 年改今名</td></tr>
<tr><td>复兴中路</td><td>法华路，1914 年筑
辣斐德路（Route Lafayette），1918 年
大兴路，1943 年
1945 年改今名</td></tr>
<tr><td>衡山路</td><td>贝当路（Avenue Petain），1922 年筑
1943 年改今名</td></tr>
<tr><td>淮海中路</td><td>西江路，1901 年筑
宝昌路（Route Paul Brunat），1906 年
霞飞路（Avenue Joffre），1915 年
泰山路，1943 年
林森中路，1945 年
1950 年改今名</td></tr>
<tr><td>建国西路</td><td>打靶场路（Rue du Champ de Tir），又名靶子路（Route Range），1912 年筑，
福履理路（Route Joseph Frelupt），1920 年
南海路，1943 年
1946 年改今名</td></tr>
</table>

二、路名新旧对照	
建国中路	打靶场路，1902 年前筑 薛华立路（Route Stanislas Chevalier），1902 年 西长兴路，1943 年 1945 年改今名
金陵东路	公馆马路（Rue du Consulate），俗称法大马路，1860 年筑 金陵路，1943 年 1946 年改今名
金陵西路	大西路，1865 年筑 东段：巨籁达路（Rue Ratard），1907 年 东段：爱多亚路（Avenue Edward Ⅶ），1914 年 福煦路（Avenue Foch），1931 年 洛阳路，1943 年 1946 年改今名
南昌路	军官路（Rue des Officies），1902 年筑 陶尔斐斯路（Route Dollfus），1920 年 西段：环龙路（Route Vallon），1912 年 1943 年改今名
瑞金二路	金神父路（Route Pere Robert），1907 年筑 黄山路，1943 年 中正南二路，1946 年 1950 年改今名
瑞金一路	圣母院路（Route des Soeurs），1901 年筑 象山路，1943 年 中正南一路，1946 年 1950 年改今名
陕西南路	宝隆路（Avenue Paulun），1911 年筑 亚尔培路（Avenue du Roi Albert），1915 年 咸阳路，1943 年 1945 年改今名
绍兴路	爱麦虞限路（Route Victor Emmanuel Ⅲ），1926 年 1943 年改今名

续表

二、路名新旧对照	
嵩山路	1901 年筑 葛罗路 (Route Baron Gross) , 1914 年 1943 年复今名
襄阳南路	拉都路 (Route Tenant de la Tour) , 1918 ~ 1921 年筑 襄阳路, 1943 年 1946 年改今名
延安东路	爱多亚路 (Avenue Edward Ⅶ) , 1915 年填浜修筑 大上海路, 1943 年 中正东路, 1945 年 1950 年改今名
延安中路	长浜路, 1910 年筑 福煦路 (Avenue Foch) , 1920 年 洛阳路, 1943 年 中正中路, 1945 年 1950 年改今名
雁荡路	军营路 (Rue de Camp) , 1902 年筑 后改名华龙路 (Route Voyron) 1943 年改今名
永嘉路	西爱咸斯路 (Route Herve de Desieyes) , 1920 年筑 1943 年改今名
岳阳路	祁齐路 (Route Ghisi) , 1912 年筑 1943 年改今名
肇嘉浜路	路基原为肇嘉浜 北岸名徐家汇路 (Route de Zikawei) , 1863 年筑 南岸名斜徐路, 1914 年筑 1954 ~ 1956 年填浜筑路, 以浜名

三、建筑名新旧对照	
步高里	步高里, CITÉ BOURGOGNE
淮海坊	霞飞坊, Joffre Terrace
瑞金宾馆	马立斯花园, Maurice Garden
瑞金医院	广慈医院 (Hospital Sainte-Marie, 法文名圣马利亚医院)
陕南邨	金亚尔培公寓, 皇家花园, King Albert Apartments
陕南大楼	白尔登公寓, Belden Apartments
四、租界时期地名、机构组织名与文件名中英(法)对照	
法商中国建业地产公司	Foncière et Immobilière de Chine
(法商)邵禄父子工程行	Chollot et Fils, J. J.
工部局(上海公共租界工部局之简称)	Shanghai Municipal Council
上海法租界	La concession française de Changhai, 英文名为 Shanghai French Concession
上海法租界公董局	Conseild' Administration Municipale de la Concession Française de Changhai
《上海法租界公董局公报》	Bulletin Municipal
《上海市房地产商业同业公会旧法公董局道契册》	Role de la Propriété Foncière
邵禄洋行	Chollot, J. J.
万国储蓄会	Société Internationale d' Epargne, 英文名 International Saving Society
五、其他	
地册号	lots cad.
行号	hong
货栈	magasin
项目编号	Job No.

图片索引

写在前面

·步高里位置图（自绘，底图取自2009年上海市地图）

石库门中的研究谱系

·步高里全景（自摄）

·四个代表性改造类型的位置图（自绘，底图取自《上海衡山路-复兴路历史文化风貌区保护规划》，2005）

·CITÉ BOURGOGNE（摄影：陈天浩）

·步高里错落有致的屋顶（摄影：冯国宝）

1. 勃艮第往事

·向外望（摄影：冯国宝、陈天浩）

·家庭工业社的各类产品广告（益斌主编.老上海广告.上海：上海画报出版社，1995：44~45）

·梧桐树下的原法租界（上：佚名、下：自摄）

·1927年至1932年全沪与各区营造统计比较表（张辉.上海市地价研究.正中书局，民国24年：71）

·公董局只准造西式建筑的范围，上：1914年划定只准造西式建筑的范围；下：1920年划定只准造西式建筑的范围（自绘）

·1936年法租界各区人口分布（自绘）

·法租界路网格局（1900–1930）（自绘）

·1928年公共租界与法租界的区域及步高里的位置（自绘，底图取自熊月之，周武.上海：一座现代化都市的编年史.上海：上海书店出版社，2007：护封内附彩图）

·新中国成立前步高里周边公交线路示意 [自绘，底图取自鲍士英.上海市行号路图录（下册）.福利营业股份有限公司.民国三十八年：7]

·公共租界的交通警示语（法国里昂第二大学东亚研究院 Virtual Shanghai：Shanghai Urban Space in Time）

·法租界的道路 [史梅定.上海市档案馆.《追忆：近代上海图史》.上海：上海古籍出版社，1996：250，251]

·上海市1928年地价图（张辉.上海市地价研究.正中书局，民国24年：7）

·1949年步高里至徐家汇路地段行号路图 [底图取自鲍士英.上海市行号路图录（下册）.福利营业股份有限公司.民国三十八年，经作者拼接处理]

·步高里周边主要的历史建筑 [瑞金宾馆——上海市房地产行业教育中心.上海优秀建筑鉴赏.上海：上海世纪出版有限公司远东出版社，2009：370；逸园旧影——李天纲.老上海.上海：上海教育出版社，1998：406；陕南大楼-袁念琪.在精品魅力间徜徉（卢湾卷）.上海：上海文艺出版（集团）有限公司上海百家出版社，2010：128；陕南邨——罗小未，伍江主编.上海弄堂.上海：上海人民美术出版社，1997：61；淮海坊——罗小未，伍江主编.上海弄堂.上海：上海人民美术出版社，1997：51；亚尔培坊、文元坊、金谷邨——自摄]

·上世纪40年代末步高里区域全景 [底图取自鲍士英.上海市行号路图录（下册）.福利营业股份有限公司.民国三十八年，经作者拼接处理]

·大牌坊上世纪80年代与2011年对比（左：原卢湾区文物保护管理所、右：自摄）

·租界地册图局部（上海市档案馆，U38–1–1076）

·从东南角俯瞰“勃艮第之城”（上海图书馆编.老上海风情录，建筑寻梦卷.上海：上海文化出版社，1998：189）

·1949年步高里总平面及门牌号 [鲍士英.上海市行号路图录（下册）.福利营业股份有限公司.民国三十八年]

·步高里总平面设计图原始稿（上海市城建档案馆）

·步高里1、2号一、二层原始平面（上海市城建档案馆）

·步高里标准单元各层平面尺寸详解（自绘）

·标准单元剖面（制图：储皓）

·步高里立面图原始稿（上海市城建档案馆）

·标准单元的剖透视（制图：陈竞成）

·步高里沿亚尔培路立面设计图原始稿（上海市城建档案馆）

·上世纪70年代小牌坊入口旧影（杨启时提供）

·砖饰（摄影：冯国宝）

·20世纪20年代的爱多亚路（法国里昂第二大学东亚研究院 Virtual Shanghai：Shanghai Urban Space in Time）

·步高里与建业里西里招租广告（步高里：《申报》

1931 年 1 月 20 日至 2 月 1 日，建业里：《申报》1930 年 11 月 22 日至 12 月 4 日）

·步高里、建业里原始图纸签章与 J.J.Chollot 的签名对比 [上：上海市城建档案馆；中：上海章明建筑设计事务所编.老弄堂建业里.上海：上海世纪出版股份有限公司远东出版社，2009；下：上海档案馆，TU38-1-1523]

·步高里、建业里西里剖面与标准平面比对 [步高里：上海市城建档案馆；建业里：上海章明建筑设计事务所编.老弄堂建业里.上海：上海世纪出版股份有限公司远东出版社，2009]

·步高里与建业里图底关系比对（自绘）

·步高里与建业里的"席纹"装饰比对（自摄）

·今天陕西南路与建国西路街角的步高里、亚尔培路与福履理路街角的步高里（自摄、上海图书馆编.老上海风情录，建筑寻梦卷.上海：上海文化出版社，1998：189）

·步高里 28-37 号南立面（制图：陈竞成）

·1949 年 10 月前步高里人数分布图（自绘）

·1949 年 10 月前步高里户数分布图（自绘）

·通往大牌坊（制图：黄星）

·上海屋檐下（摄影：冯国宝）

·步高里名人及保存物（网络资料）

2. 新旧激荡

·痕（摄影：陈天浩）

·上海早期里弄旧影（上海市档案馆提供）

·张家宅的妇女在绣花（上海市档案馆提供）

·带有扫弄工平房的小广场透视（制图：黄星）

·陕西南路立面（制图：钱姗）

·1997 年步高里景象（原卢湾区文物保护管理所提供）

·1994 年电影《股疯》

3.朱阿姨的故事

·品（摄影：冯国宝、陈天浩）

·门（摄影：冯国宝）

·上世纪 30 年代的上海（法国里昂第二大学东亚研究院 Virtual Shanghai：Shanghai Urban Space in Time）

·正午（自摄）

·1956 年风华正茂的朱莲娟夫妇（朱莲娟提供）

·1963 年左右的全家福（朱莲娟提供）

·8 号平面与剖面（制图：高德）

·16 号原状（自绘）

·16 号 1985 年改造部位详解（自绘）

·童心未泯的窗台（自摄）

·挂着塑料娃娃的窗户就是 16 号朱阿姨住的亭子间（自摄）

·小八腊子的黑板报（自摄、陕建居委会提供）

·人间重晚晴（摄影：陈天浩）

4.一部家庭档案

·足下（摄影：陈天浩、冯国宝）

·托（摄影：冯国宝）

·1944 年徐镜堃、杜翠玲的订婚照（徐镜堃提供）

·1950 年的租赁合同（徐镜堃提供）

·1953 年杜翠玲的说字班学员证（杜翠玲提供）

·1956 年杜翠玲获得的里弄积极分子奖状（杜翠玲提供）

·因 1958 年办大食堂，16、17 号的窗户有所改动（制图：储皓）

·上世纪 60 年代末徐镜堃的劳模照（徐镜堃提供）

·1950 年徐镜堃的肺病检测报告（徐镜堃提供）

·年年劳模（徐镜堃提供）

·徐老伯手记（徐镜堃提供）

·从步高里考入清华的学子们（徐镜堃提供）

·80 年代末的全家福（徐镜堃提供）

·笑脸（摄影：陈天浩）

5.弄堂的邻居们

·情报站（摄影：冯国宝、自摄）

·水仙（摄影：冯国宝）

·8 岁的顾如梅成了小傧相（顾如梅提供）

·6 岁的甜蜜千金（顾如梅提供）

·1951 年华明烟厂女工工作证（顾如梅提供）

·X 号平面（自绘）

·独户（摄影：冯国宝）

·年轻时的主人（陈金玉提供）

·转角园艺（摄影：冯国宝）

·住了七十年的卧室（摄影：冯国宝）

·步高里某号住户 80 年代风格的家居布置（摄影：冯国宝）

·20 号平面（自绘）

·2009 年 4 月-6 月 20 号装修时序（自摄）

·21号平面原状（自绘）
·老的门牌号（自摄）
·精致的花门（制图：袁维佳）
·喜上眉梢，2011年家中添了小孙女（摄影：陈天浩）
·A号改造平面图（自绘）
·A号改造剖面图（自绘）
·栖居之所（摄影：冯国宝）
·Loft生活（自摄）
·父子情深（杨启时提供）
·60年代的全家福（杨启时提供）
·窗前小憩（杨启时提供）
·花漾（杨启时提供）
·看电视（段建伟作品）
·《大众哲学》书影（上海市图书馆提供）
·闲暇（自摄）
·小广场的晾衣架（摄影：冯国宝）
·温暖（摄影：陈天浩）
·人家（摄影：冯国宝）
·小广场与主次弄（自绘）

6.改建的模式

·攀援（摄影：冯国宝、陈天浩）
·1951年《街道里弄居民生活手册》书影（上海市图书馆提供）
·各类的租赁户指南（网络资料）
·196号外景，横看成岭侧成峰（制图：南立面——储皓西立面——王宇，摄影：冯国宝）
·改建的模式（自绘）
·16号朱莲娟的改造方法（自绘）
·A号改造（自绘）
·X号改造（自绘）

7.居委会像个筐

·头顶（摄影：冯国宝、陈天浩）
·步高里弄堂运动会与修理日（自摄、陕建居委会提供）
·上世纪50年代的步高里幼儿园（杜翠玲提供）
·张家宅的幼儿园小朋友在搭“江南造船厂”积木（上海市档案馆提供）
·上世纪七八十年代弄堂生产组的大致分布（自绘）
·瑞金二路街道各居委会位置，西南角为陕建居委会（瑞金二路街道提供）
·上世纪50年代某弄堂大扫除（上海市档案馆提供）

8.主角儿

·孵太阳（摄影：陈天浩、冯国宝）
·撑（摄影：冯国宝）
·建业里拆除与改造后（前：佚名提供，后：自摄）
·1998年中荷合作建业里区域建筑分类图、建业里改造地块图（徐汇区房屋管理局提供）
·新福康里（自摄、地球在线卫星航拍图）
·《文汇报》关于建业里的报道
·步高里的相对位置及周边历史建筑分布（自绘）
·远近高低各不同，步高里的乱搭建（自摄）
·马桶工程（摄影：陈天浩）
·沿主弄券门（制图：袁维佳）
·2009年步高里人口普查结果（自绘）
·小小弄堂大世界（摄影：陈天浩）
·冬至（摄影：冯国宝）
·2007年的修缮工程（戴仕炳提供）

9. 勃艮第2030

·薄雪（自摄）
·请坐（摄影：陈天浩、冯国宝）
·步高里风情长卷（佚名提供，网络资料）
·看得见的风景（自摄）
·烟囱花园总图（Urban Splash提供）
·烟囱花园改造前后（Urban Splash提供）

致 谢

步高里是上海一条短小的弄堂，我们喜欢她，首先是抱有探奇的心态，甘之如饴，这是兴趣使然。其二是源于我们胸无大志，在性情上比较容易和研究内容沟通和衔接。当然，最后是受到了机缘垂青，能被一条陌生的里弄接纳，进而走进寻常的人家，穿越过去，去揭示那一道道石库门背后的悲欢离合，在方法和关键点上确实需要一点点运气。但若没有各方的扶持，研究目标恐难实现。

我们必须要感谢一群普通人，他们是本书真正的主角——朱莲娟、郁阿生、杜翠玲、徐镜堃、杨启时、陈金玉、虞阿娥、徐锡兴、毛国珍、沈阿余、保罗·墨菲夫妇、王高钊、厉月娣、顾如梅。以及其他许多我们叫不出名字的人们，诸如21号蒋女士、8号袁先生、27号章女士、196号一楼陆先生、196号二楼陈女士及周女士、20号一楼孙女士、20号二楼租客杨先生及吴先生两家。多谢你们宽容地接纳了我们的多次叨扰，打开心扉，敞开房门，翻出宝贝，允许实录。假如本书有可取之处，首先也应归功于你们。

感谢原卢湾区房地局工程科科长颜文生、上海市房屋建筑设计研究院高级工程师宗丹恒、卢湾区永嘉物业公司经理范辛建、瑞金二路街道办事处、卢湾区文物保护管理所、卢湾区档案局、上海市档案馆、卢湾区文史研究室、上海市图书馆、同济大学图书馆过期刊物室、陕建小区居委会在调研工作中具体、多方位的协助。

在写作过程中我们得到了许多师长、同事和朋友的无私帮助，他们有些曾经耐心阅读过本文的初稿，多有鼓励与提携，同时提出了很多有价值的中肯意见与批评。他们是同济大学建筑与城市规划学院建筑系常青、李浈、沙永杰、陆地、戴仕炳、朱宇辉、刘刚；上海大学社会学系耿敬、上海交通大学建筑系蔡军等各位老师；博士研究生陈青长、李燕宁、张波；同济城市规划设计研究院陈飞博士、法国建筑师王颖波与 Jeremy Cheval。张伟群先生答疑解惑，并提供了“蝇头小楷”长达数页的上海近代历史参考文献目录；范文兵博士也提供了某些原始图档；20世纪90年代梧桐树下的法租界、步高里风情长卷、拆除后的建业里鸟瞰3张图片援引了网友的资料。对此，我们心存感激。

2010年的7月，同济大学建筑与城市规划学院建筑系2007级本科生参加了步高里的暑期测绘，精测图对本研究助益颇大。参加测绘工作的是助教夏艺璇、马科元、金元熠，学生高德、储皓、陈竞成、王宇、黄星、赵浚良、钱姗、郭韵竹、袁维佳。2008 届硕士研究生、现上海中房建筑设计有限公司建筑师何巍，2009 届研究生、现同济大学建筑设计研究院商业分院建筑师任真，参与了前期的测绘与资料搜集的工作。在此，向他们表示感谢。

多谢中国摄影家协会会员冯国宝先生，其作品敏锐地捕捉到了步高里日常生活空间中的细节，流畅的光影作品为本书增色不少，也为将来留下了珍贵的资料。

我们还要向台湾著名的人像摄影师陈天浩先生致谢，他义务为弄堂家庭拍摄了人像照，弄堂全家福是送给步高里居民的礼物，成为本书的收官之作。我们笃信——尊重和信任，呆在现场，参与其中，是得到认同的关键所在。

上海同济城市规划设计研究院为本研究提供了经费资助，谨致谢忱。

最后，感谢张幼平编辑，是他提供了这本书与大家见面的机会，使我们拥有了交换宝贵意见的平台。

朱晓明　祝东海

2012 年 1 月于上海同济大学